不定積分の計算

田中　久四郎　著

「d-book」シリーズ

http：//euclid.d-book.co.jp/

電気書院

目　次

1　不定積分と定積分の意義　　　　　　　　　　　　　　　　　　　　　　　　1

2　不定積分の計算法

2・1　集合関数の不定積分　……………………………………………………… 7
　　　(1)　ある関数の不定積分　……………………………………………… 7
　　　(2)　関数と定数の積の積分　…………………………………………… 7
　　　(3)　関数の和（差）の積分　…………………………………………… 7
　　　(4)　関数の積の積分　…………………………………………………… 8
　　　(5)　関数の商の積分　…………………………………………………… 8
　　　(6)　関数の関数の積分　………………………………………………… 8
2・2　不定積分での置換積分法　………………………………………………… 10
2・3　不定積分での部分積分法　………………………………………………… 12
2・4　不定積分における漸化法　………………………………………………… 16
2・5　逆関数の積分に転化する不定積分法　…………………………………… 20
2・6　代数関数，超越関数の不定積分法　……………………………………… 22
　　　(1)　有理整関数の不定積分法　………………………………………… 22
　　　(2)　有理分数関数の不定積分法　……………………………………… 23
　　　(3)　無理関数の不定積分法　…………………………………………… 25
　　　(4)　超越関数の不定積分法　…………………………………………… 30

3　基本関数の不定積分

3・1　基本有理関数の不定積分　………………………………………………… 39
3・2　基本無理関数の不定積分　………………………………………………… 40
3・3　基本指数，対数関数の不定積分　………………………………………… 42
3・4　基本三角，逆三角関数の不定積分　……………………………………… 42

4　積分法の応用例題　　　　　　　　　　　　　　　　　　　　　　　　　　44

5 積分法の要点

5·1 不定積分と定積分の意義 …………………………………………………… 54
（1）微分と積分の逆算関係 …………………………………………………… 54
（2）不定積分と定積分 ………………………………………………………… 54

5·2 不定積分の計算法 …………………………………………………………… 55
（1）集合関数の不定積分 ……………………………………………………… 55
（2）不定積分での置換積分法 ………………………………………………… 55
（3）不定積分での部分積分法 ………………………………………………… 56
（4）不定積分における漸化法 ………………………………………………… 56
（5）逆関数の積分に転化する不定積分法 …………………………………… 56
（6）有理関数の不定積分法 …………………………………………………… 56
（7）無理関数の不定積分法 …………………………………………………… 56
（8）超越関数の不定積分法 …………………………………………………… 57

6 積分法の演習問題　　58

演習問題の解答 …………………………………………………………………… 65

1　不定積分と定積分の意義

　従来の数学書の多くは微分，不定積分，定積分間の相互関係に対する説明があいまいなので，まず，この相互関係を明確にしておきたい．

　微分と積分が逆算関係にあることを発見し微積分学を確立したのはニュートンでありライプニッツであって，関数 $y=F(x)$ を変数 x について微分した導関数が $f(x)$ であると，$f(x)$ を x について積分したものは，もとの関数 $F(x)$ になる．例えば，コンデンサに与えられる電荷 q が時間 t に関して $q=q_m\sin\omega t \to F(x)$ で与えられたとき，充電電流 i は q を時間 $t \to x$ について微分した $i=dq/dt=\omega q_m\cos\omega t \to f(x)$ になり，この i を時間 t について積分すると元の電荷 q になる．すなわち

$$\frac{dF(x)}{dx}=f(x)，\text{であると}\quad F(x)=\int f(x)dx\quad \text{になる．}$$

|積分| この $f(x)$ を知って $F(x)$ を求めることを，$f(x)$ を積分するといい，$F(x)$ を $f(x)$ の**積分**（Integral of $f(x)$）という．この積分の記号 $\int$ はライプニッツがギリシャ語の Summa（和）の頭文字Sを引きのばして作ったもので，積分（Integral；インテグラル）という名称はライプニッツの後継者であるヤコブ・ベルヌーイが与えた．この $f(x)$ を**被積分関数**（Integrand），$f(x)dx$ をその微分，$F(x)$ を**原始関数**（Primitive function）または**基関数**とも**原関数**ともいう．このように導関数が $f(x)$ になるような原始関数 $F(x)$ を求めることを $f(x)$ を x について積分するといい，積分する方法を**積分法**（Integration）と称する．この関係を今一度，書くと次のようになる．

$$\text{原始関数}\,F(x)\;\xrightarrow{\text{微分}\,\dfrac{dF(x)}{dx}}\;\text{導関数}\,f(x)$$
$$\xleftarrow{\text{積分}\,\int f(x)dx}$$

　この導関数 $f(x)$ は原始関数 $F(x)$ の変数 x の各値に対する変化率を表したもので，例えば，起電力 $e=f(t)$ はその原始関数である磁束 $\phi=F(t)$ の時間 t に対する変化率を表している．

　いま，図1・1において太線 $F(x)$ に対して，その導関数は $f(x)$ のようになる．ところが，この $F(x)$ に任意の定数 C_1 を加えた $F(x)+C_1$ や任意の定数 C_2 を差引いた $F(x)-C_2$ の導関数も等しく $f(x)$ になる．例えば，これらの原始関数の $x=x_1$ の点で，それぞれの曲線に接線を引くと平行線になり，いずれの原始関数の導関数の値も等しく d になる．従って，導関数 $f(x)$ に対して，それに対応する原始関数は $F(x)$ をY軸の方向に平行移動した無数の群になって特定のものにならず不定だから，このような $F(x)$ の群は $f(x)$ の**不定積分**（Indefinite integral）であるという．これを一般的に表すには，C を任意の定数として

$$y=\int f(x)dx=F(x)+C$$

積分定数 と書く．このCを**積分定数**（Constant of integration）と称し，定数の微分は0になるので

$$\frac{dy}{dt} = \frac{d}{dt}\{F(x)+C\} = F'(x) = f(x)$$

となる．すなわち，不定積分の微分係数は被積分関数に等しい．上記のように導関数$f(x)$に対し原始関数が不定積分になるのは，原始関数の初期値が与えられないた

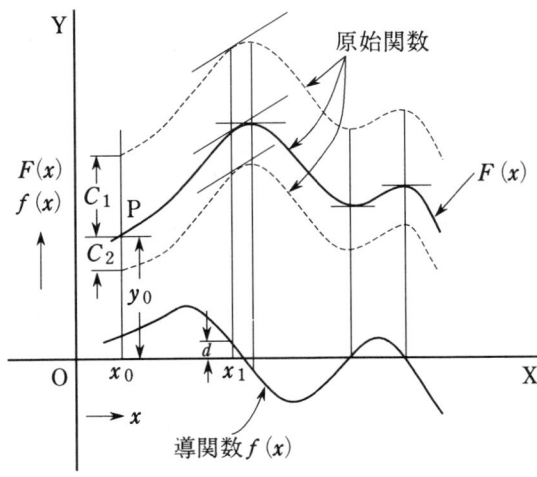

図1・1　導関数と不定積分

めで，仮にこれが図1・1に示したように，$x=x_0$において$y=y_0$と与えられた，いいかえると$x=x_0$で$y=y_0$のP点を通るものと条件がつけられたとすると

$$y = F(x_0) + C = y_0, \quad C = y_0 - F(x_0),$$
$$\therefore \quad y = F(x) + \{y_0 - F(x_0)\}$$

となって不定積分にならない．例えば

$$i = \frac{dq}{dt} = \omega q_m \cos\omega t \quad \text{に対し} \quad q = \int i dt = q_m \sin\omega t + C$$

となって，qはiの不定積分になるが，原始関数の初期値が$t=0$で$q=0$と与えられると$C=0$になり，また，$t=0$で$q=q_0$と与えられると$C=q_0$と決定されて，

$$q = q_m \sin\omega t \quad \text{または} \quad q = q_m \sin\omega t + q_0$$

と定められる．

原始関数　　重ねていうと，導関数（原始関数の変化率曲線）を知って，それに対応する**原始関数**を求める．――例えば，時間に対する誘導起電力の波形$e=f(t)$をオシログラフで知って，これを発生させた磁束の時間に対する波形$\phi = F(t) + C$を求める――のが不定積分で，積分定数Cは原始関数の初期値が与えられると決定され，このようにCが決定されると不定積分でなくなる．

　　注：　微分は原始関数の形状を知って，この各点での変化率を求めるので，大局的な性質にもとずいて局部的な性質を明らかにするものといえる．これに対し積分は各点での変化率を知って原始関数を求めるのだから，局部的な性質にもとずいて大局的な性質を明らかにするものだともいえる．

いま一つ導関数$y'=f(x)$とその積分としての原始関数$F(x)$との間には興味ある関係のあることは，図1・2のような一つの連続関数$y'=f(x)$が図のような曲線を画くとき，この曲線がX軸との間に形成する面積Sもまたxの関数になるので，これを$S=F(x)$とおくと，$F(x)$を微分したものが$f(x)$となり，逆に$f(x)$を積分したものが$F(x)$

1 不定積分と定積分の意義

になる．ここで，これをくり返して証明してみよう．図で$y'=f(x)$の曲線上にP点

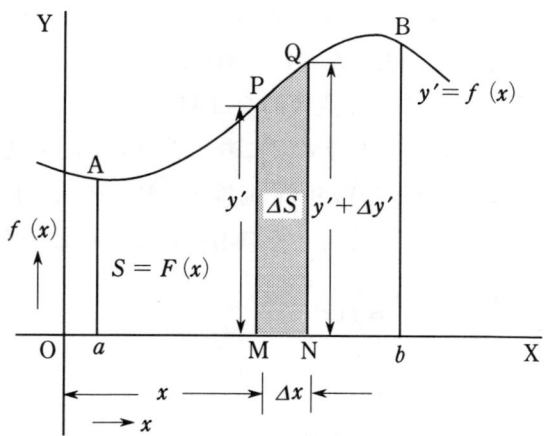

図1・2 導関数と定積分

(x, y')をとり，これに接近して同じく曲線上にQ点$(x+\Delta x, y'+\Delta y')$をとって，この間の曲線がX軸との間に形成する面積をPQNM$=\Delta S$とおくと，図上から明らかなように，

$$y'\Delta x < \Delta S < (y'+\Delta y')\Delta x \qquad y' < \frac{\Delta S}{\Delta x} < y'+\Delta y'$$

となり，この不等式で$\Delta x \to 0$とすると$\Delta y' \to 0$となり，

$$\lim_{\Delta x \to 0} \frac{\Delta S}{\Delta x} = \frac{dS}{dx} = \frac{dF(x)}{dx} = y' = f(x)$$

$$\therefore \int f(x)dx = F(x) + C = S$$

というように，曲線を表す$y'=f(x)$を積分すると，曲線がX軸との間に形成する面積Sを表すことになり，これだけではxのどの区間の面積か一定しないので不定積分であるが，いま，仮に$x=a$から$x=b$まで，すなわちAPQBbNMaの面積だとすると，$x=a$で$S=0$になるので，$S=F(x)+C$において，$0=F(a)+C$，$C=-F(a)$になる．そこで$x=b$までの面積は$F(b)+C$になるが，このCに上記の値を代入すると一定な面積，すなわち，一定な$F(x)$の値，ABbaの面積である$S_{ab}=F(b)-F(a)$が求められる．この関係を次のような記号で表し，

$$S_{ab} = F(b) - F(a) = \int_a^b f(x)dx$$

定積分　これを下端（Lower limit）aから上端（Upper limit）bまでの$f(x)$の**定積分**（Definite
積分変数　integral）と称する．この$f(x)$は被積分関数であり，xを**積分変数**（Variable of integration）ともいう．この定積分$F(b)-F(a)$を求めるには，上記のようにして積分定数を定めなくとも，被積分関数$f(x)$に対応する不定積分$F(x)+C$を求めて，このxに上端のbを代入したものから下端aを代入したものを引くと自ら積分定数が消去される．すなわち

$$F(b) - F(a) = \int_a^b f(x)dx = \{F(b)+C\} - \{F(a)+C\}$$
$$= \left[\int f(x)dx\right]_a^b = \left[F(x)\right]_a^b \tag{1・1}$$

この（1・1）式は，不定積分と定積分との間の関係を表すと共に，微分の逆算とし

ての積分は被積分関数がX軸との間に形成する面積を表すことを示していて，これが微積分学の基礎定理になっている．このことをニュートンとライプニッツが発見して，微積分学への道を切り開いたわけである．

ところが，この図1・2のような巨視的な証明では鮮明に印象づけられない方もあろうかと思うので，さらに微視的な考察にもとずいて上記を補説しておこう．

次の図1・3で変数xの関数$\varphi(x)$が画く曲線とX軸との間に形成する面積Sはxの関数になるので，これを$S=F(x)$とし，その導関数を$f(x)$とすると微分の定義から

$$\lim_{\Delta x \to 0} \frac{F(x+\Delta x) - F(x)}{\Delta x} = f(x)$$

$$F(x+\Delta x) - F(x) = \Delta x f(x)$$

となり，この関係はxのどのような値においても成立する．さて，この曲線で$x=a$

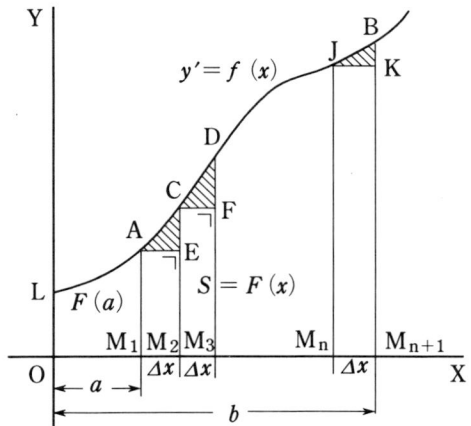

図1・3　定積分の微視的な考察

から$x=b$の区間を考え，この区間をn等分し，nの一つをΔxとする ―― $\Delta x=(b-a)/n$となり，$n\to\infty$とすると$\Delta x\to 0$となる．いま，上式のxに$x=a$を代入して考えてみると

$$F(a+\Delta x) - F(a) = \Delta x f(a) \tag{1}$$

になり，左辺の第1項$F(a+\Delta x)$は面積$OLCM_2O$を表し，第2項$F(a)$は面積$OLAM_1O$を表し，両者の差は面積$M_1ACM_2M_1$になる．これと右辺を比較して考えると$f(a)$は近似的にAM_1を表すことになる．ところが，この曲線の$x=a$での値は$\varphi(a)$であり，$\varphi(a)=f(a)=AM_1$であって，この関係は任意のxの値で成立するので$\varphi(x)=f(x)=y'$となり，曲線$\varphi(x)$は$S=F(x)$の導関数になり$\varphi(x)=f(x)$としてよい．この(1)式の左辺と右辺の差は陰影をほどこした直角三角形ACEの面積になるが，$n\to\infty$とし$\Delta x\to 0$とすると，これは無限小になって，(1)の等式関係が成立する．さらにxに$a+\Delta x$を代入すると

$$F(a+2\Delta x) - F(a+\Delta x) = \Delta x f(a+\Delta x) \tag{2}$$

となり，この式の左辺の第1項$F(a+2\Delta x)$は面積$OLDM_3O$を第2項は面積$OLCM_2O$を表し，その差は面積$M_2CDM_3M_2$となり，右辺は$f(a+\Delta x)=CM_2$で，左右両項の差は直角三角形CDFになるが，$\Delta x\to 0$で，これは無限小になって(2)式は等式として成立することになる．同様にxに$a+2\Delta x$, $a+3\Delta x$, ……$a+(n-1)\Delta x$を代入すると

$$F(a+3\Delta x) - F(a+2\Delta x) = \Delta x f(a+2\Delta x) \tag{3}$$

1 不定積分と定積分の意義

$$F(a+4\Delta x) - F(a+3\Delta x) = \Delta x f(a+3\Delta x) \quad (4)$$

....

$$F(a+n\Delta x) - F\{a+(n-1)\Delta x\} = \Delta x f\{a+(n-1)\Delta x\} \quad (\text{n})$$

となるが，これらの(1)から(n)までの各式の両辺を加え合わせると，左辺は短冊形の各面積 ($M_1AEM_2M_1$)，($M_2CFM_3M_2$)，………($M_nJKM_{n+1}M_n$) を加え合わすことになり，$\Delta x \to 0$ の極限では陰影をほどこした各直角三角形は無限小になって，その和は曲線$f(x)$が区間 (a, b) においてX軸との間に形成する面積になる．また，各式において前式の第1項を次式の第2項が順次に消去して，結局は(1)式の第2項 $-F(a)$ と(n)式の第1項 $F(a+n\Delta x)$ が残るが，$a+n\Delta x = b$ になるので，左辺は $F(b) - F(a)$ になる．これは面積$OLBM_{n+1}O$から面積$OLAM_1O$を差引いたものである．

次に右辺は $\Delta x \to 0$ でdxとおくと$f(x)dx = y'dx$の値をaからbまで集めたものであって結局は左辺に等しく曲線がX軸との間に形成する面積になる．すなわち

$$F(b) - F(a) = \int_a^b f(x)dx \quad \text{または} \quad \int_a^b f(x)dx = \left[F(x)\right]_a^b = F(b) - F(a)$$

ということになり，既に求めた$(1\cdot1)$式と一致する．

注： 微分と積分は逆算関係にあるので，以上でも述べたように，また以下でも述べるように，その間には類似点が多い．しかし，根本的にちがう点もある．例えば，微分ではどのような初等関数の合成関数でも集合関数でも，それを微分した結果は同一性質の初等関数になったが，積分ではそういうようにならない．例えば誤差論では

$$f(x) = \int_0^x \varepsilon^{-x^2} dx \qquad \phi(x) = \frac{2}{\pi}\int_0^x \varepsilon^{-x^2} dx$$

誤差関数

楕円関数

という積分が表れるが，この積分は初等関数の範囲では存在しない．といって ε^{-x^2} は連続だから上記の積分はあらゆるxの値に対して確定している．そこで上式の右の$\phi(x)$で定義された新しい関数としての**誤差関数**が生まれた．あるいはまた，平方根号の中に3次以上の関数が入ってきた積分も初等関数の中には存在せず，新しい関数として**楕円関数**が生まれた．このように微分では新しい関数を生み出す力はないが，積分は新しい関数の母胎になれる．このことは両者の間の著しいちがいである．

次に上述の定積分の計算を簡単な実例をあげて説明しよう．

$\int_1^3 4x^2 dx$

〔例1〕 $\int_1^3 4x^2 dx$ を求める．

$\frac{d}{dx}\left(\frac{ax^{n+1}}{n+1}\right) = ax^n$ になるので，$4x^2$の不定積分は $\frac{4x^{2+1}}{2+1} = \frac{4}{3}x^3$ に積分定数を加えたものとなる．従って，

$$\int_1^3 4x^2 dx = \left[\frac{4}{3}x^3\right]_1^3 = \frac{4}{3}(3^3 - 1^3) = 34.67$$

$\int_0^4 \sqrt{x}\, dx$

〔例2〕 $\int_0^4 \sqrt{x}\, dx$ を求める．

前例と同様に考えると $\sqrt{x} = x^{\frac{1}{2}}$ の不定積分は $\frac{x^{\frac{1}{2}+1}}{\frac{1}{2}+1} = \frac{2}{3}x^{\frac{3}{2}}$ に積分定数を加えた

ものになり,

$$\int_0^4 \sqrt{x}\,dx = \left[\frac{2}{3}x^{\frac{3}{2}}\right]_0^4 = \frac{2}{3}\times 4^{\frac{3}{2}} = \frac{2}{3}\times 8 = \frac{16}{3} = 5.33$$

$\int_0^{\frac{\pi}{2}} \sin x\,dx$

〔例3〕 $\int_0^{\frac{\pi}{2}} \sin x\,dx$ を求める.

$\frac{d}{dx}(-\cos x) = \sin x$ になるので, $\sin x$の不定積分は$-\cos x + C$ となり

$$\int_0^{\frac{\pi}{2}} \sin x\,dx = \left[-\cos x\right]_0^{\frac{\pi}{2}} = \left\{0-(-1)\right\} = 1$$

$\int_1^2 \frac{1}{x}dx$

〔例4〕 $\int_1^2 \frac{1}{x}dx$ を求める.

$\frac{d}{dx}(\log x) = \frac{1}{x}$ になるので $\frac{1}{x}$ の不定積分は$\log x + C$ になり

$$\int_1^2 \frac{1}{x}dx = \left[\log x\right]_1^2 = \log 2 - \log 1 = \log \frac{2}{1} = \log 2 = 0.69$$

$\int_0^{\frac{1}{2}} \varepsilon^x dx$

〔例5〕 $\int_0^{\frac{1}{2}} \varepsilon^x dx$ を求める.

$\frac{d}{dx}\varepsilon^x = \varepsilon^x$ だから ε^xの不定積分は$\varepsilon^x + C$になり

$$\int_0^{\frac{1}{2}} \varepsilon^x dx = \left[\varepsilon^x\right]_0^{\frac{1}{2}} = \varepsilon^{\frac{1}{2}} - \varepsilon^0 = \sqrt{\varepsilon} - 1$$

というように求められる.

2 不定積分の計算法

2·1 集合関数の不定積分

集合関数の微分

集合関数の微分については,

〔1〕関数と定数の和の微分は,　$\dfrac{d}{dx}\{f(x)+C\} = f'(x)$

〔2〕関数と定数の積の微分は,　$\dfrac{d}{dx}\{Cf(x)\} = Cf'(x)$

〔3〕関数の和（差）の微分は,　$\dfrac{d}{dx}\{f(x) \pm g(x)\} = f'(x) \pm g'(x)$

〔4〕関数の積の微分は,　$\dfrac{d}{dx}\{f(x) \cdot g(x)\} = f'(x) \cdot g(x) + f(x) \cdot g'(x)$

〔5〕関数の商の微分は,　$\dfrac{d}{dx}\left\{\dfrac{f(x)}{g(x)}\right\} = \dfrac{f'(x) \cdot g(x) - f(x) \cdot g'(x)}{\{g(x)\}^2}$

〔6〕関数の関数の微分は,　$\dfrac{d}{dx}[f\{g(x)\}] = f'\{g(x)\}g'(x)$

となったが，これに対応する不定積分の法則を考えてみよう．

関数の不定積分

【1】ある関数の不定積分

ある関数を積分すると任意の定数がつく．

微分と積分は逆算関係にあって，上述の〔1〕から

$$\int f'(x)dx = f(x) + C \qquad (2\cdot1)$$

になることは自から明らかである．

定数の積の積分

【2】関数と定数の積の積分

関数と定数の積の積分は，その関数の積分に定数を乗じたものになる．

ここで $\dfrac{df(x)}{dx} = f'(x)$ とすると $\int f'(x)dx = f(x)$ になり，定数を C とすると

$$\dfrac{dCf(x)}{dx} = Cf'(x) \quad \therefore \int Cf'(x)dx = Cf(x) = C\int f'(x)dx \qquad (2\cdot2)$$

和（差）の積分

【3】関数の和（差）の積分

関数の和（差）の積分は各関数の積分の和（差）になる．

2 不定積分の計算法

いま，$\dfrac{df(x)}{dx}=f'(x)$，$f(x)=\int f'(x)dx$，$\dfrac{dg(x)}{dx}=g'(x)$，$g(x)=\int g'(x)dx$ とすると，

$$\dfrac{d\{f(x)\pm g(x)\}}{dx}=\dfrac{df(x)}{dx}\pm\dfrac{dg(x)}{dx}=f'(x)\pm g'(x)$$

$$\therefore \int\{f'(x)\pm g'(x)\}dx=f(x)\pm g(x)=\int f'(x)dx\pm\int g'(x)dx \tag{2·3}$$

これはいくつの関数の和（差）においても成立する．

積の積分

【4】関数の積の積分

この微分の場合の〔4〕の式を積分の場合に転用して，関数の積の積分をより積分しやすい形に導いて積分するのが後述の部分積分法である．

商の積分

【5】関数の商の積分

これは微分のところで述べたように，$u,\ v$ を x に関する関数とし，前項を $y=u\cdot v$ とおいたとき，この場合の $y=u/v$ は $y=u\cdot v^{-1}$ と考えてよく，これを積の形として微分すると $y'=u'\cdot v^{-1}-u\cdot v^{-2}\cdot v'=(u'\cdot v-u\cdot v')/v^2$ となって〔5〕の場合になるので，〔4〕と同一性質で，特にこの商の形の〔5〕の場合を転用した積分法はないが，強いて作ると適用範囲はせまいが，次のような積分法が考えられる

$$\int\dfrac{f(x)}{\{g(x)\}^2}dx=\int\dfrac{f'(x)}{g(x)}dx-\dfrac{f(x)}{g(x)} \tag{2·4}$$

例；$\int\dfrac{ax}{(b+x)^2}dx=\int\dfrac{a}{(b+x)}dx-\dfrac{ax}{(b+x)}=a\log(b+x)-\dfrac{ax}{b+x}+C$

【6】関数の関数の積分

置換積分法

この微分の場合の〔6〕の思想を用いて，積分変数を置換して被積分関数を積分しやすい形に導いて積分するのが次に述べる**置換積分法**である．

注： ある関数の不定積分を求めるということは，結局，どのような原始関数がこの関数に等しい導関数を持っているかを推定することになる．従って微分は大抵の関数において可能であり，計算が機械的に行えて容易であるが，積分は推定的（手さぐり的）要素が大きいので困難になる．ただし，求められた原始関数を微分すると被積分関数にならねばならないので点検は容易である．例えば，次の不定積分の式において，右辺を微分すると左辺になることを点検してみられよ．

$$\left.\begin{aligned}
(1)\quad &\int f'(ax+b)dx=\dfrac{1}{a}f(ax+b)\\
(2)\quad &\int\dfrac{f'(x)}{f(x)}dx=\log\{f(x)\}\\
(3)\quad &\int\dfrac{f'(x)}{\sqrt{f(x)}}dx=2\sqrt{f(x)}\\
(4)\quad &\int f'(x)f(x)dx=\dfrac{1}{2}\{f(x)\}^2
\end{aligned}\right\} \tag{2·5}$$

2・1 集合関数の不定積分

次に上述の集合関数に関する積分の簡単な実例をあげて補説しよう．

〔例 1〕 $\int 3x(\sqrt{x}-1)^2 dx$ を求める．

原式を和，差の形にして積分する．

$$3\int\left(x^2-2x^{\frac{3}{2}}+x\right)dx = 3\left\{\int x^2 dx - 2\int x^{\frac{3}{2}}dx + \int x dx\right\}$$
$$= x^3 - \frac{12}{5}x^{\frac{5}{2}} + \frac{3}{2}x^2 + C$$

ただし，各項の積分定数の和を C とおいた．（以下同様）

〔例 2〕 $\int\left(\frac{1}{\sqrt{x}} + \frac{2x}{\sqrt{a^2+x^2}}\right)dx$ を求める．

括弧内の各項の積分で，第2項は注の(3)に相当するので，

$$\int x^{-\frac{1}{2}}dx + \int \frac{2x}{\sqrt{a^2+x^2}}dx = 2\left(\sqrt{x} + \sqrt{a^2+x^2}\right) + C$$

〔例 3〕 $\int(a+b\sin x\cos x)dx$ を求める．

括弧内の各項の積分で，第1項は $a\int x^0 dx$ と考え，第2項は $\cos x\sin x$ と書き直すと，注の(4)の場合に相当するので

$$a\int dx + b\int \cos x\sin x dx = ax + \frac{b}{2}\sin^2 x + C$$

〔例 4〕 $\int(1+\sin^2\omega t)dt$ を求める．

括弧内の第2項には三角法の公式 $\sin^2\omega t = \frac{1}{2}(1-\cos 2\omega t)$ を用いる．

$$\int dt + \frac{1}{2}\int dt - \frac{1}{2}\int \cos 2\omega t dt = \frac{3}{2}t - \frac{1}{2}\frac{\sin 2\omega t}{2\omega} + C$$
$$= \frac{1}{2}\left(3t - \frac{\sin 2\omega t}{2\omega}\right) + C$$

〔例 5〕 $\int \frac{1}{\varepsilon^{2x}-\varepsilon^x}dx$ を求める．

被積分関数を書き直すと

$$\frac{\varepsilon^x + 1 - \varepsilon^x}{\varepsilon^x(\varepsilon^x-1)} = \frac{1}{\varepsilon^x-1} - \frac{1}{\varepsilon^x} = \frac{\varepsilon^x+1-\varepsilon^x}{\varepsilon^x-1} - \frac{1}{\varepsilon^x} = \frac{\varepsilon^x}{\varepsilon^x-1} - 1 - \varepsilon^{-x}$$

最後の式の第1項は注の(2)に相当するので

$$\int \frac{\varepsilon^x}{\varepsilon^x-1}dx - \int dx - \int \varepsilon^{-x}dx = \log(\varepsilon^x-1) - x + \varepsilon^{-x} + C$$

2·2　不定積分での置換積分法

これは既述したように合成関数の微分法に対応するものであって，$\int f(x)dx$ を求めるのに $f(x)$ の形に応じて変数を適当におきかえて，$x = \varphi(z)$ とし，この積分を直ちに基本積分の形にするか，または，さらに積分しよい形の $\int \varphi(z)dz$ に導いて積分する方法で，これを**置換積分法**（Integration by substitution）という．

いま，$F(x) = \int f(x)dx$，$x = \varphi(z)$ とおくと，$f(x)$，$F(x)$ は共に z の関数になり

$$\frac{dF(x)}{dz} = \frac{dF(x)}{dx} \cdot \frac{dx}{dz} = f(x) \cdot \varphi'(z) = f\{\varphi(z)\}\varphi'(z)$$

これを z について積分すると

$$F\{\varphi(z)\} = \int f\{\varphi(z)\}\varphi'(z)dz$$

しかるに $F\{\varphi(z)\} = F(x) = \int f(x)dx$ であるから

$$\int f(x)dx = \int f\{\varphi(z)\}\varphi'(z)dz \tag{2·6}$$

この形は上記したように，$x = \varphi(z)$ であり，$dx = \varphi'(z)dz$ になることに注意すると記憶しやすく，なお

$$\int f(x)dx = \int \Phi(z)\frac{dx}{dz} \cdot dz \tag{2·7}$$

とした方が分かりやすい．

これが置換積分法の式であって，$\varphi(z)$ は $f(x)$ の形に応じて適当に選ぶ．この選び方がまずいと $\int \Phi(z)dz$ の積分が困難になり不可能になる場合さえある．従って $\varphi(z)$ の選び方を慎重に考えねばならない．

例えば $\int x^2(1+x^3)dx$ を求めるのに

$1 + x^3 = z$ とおくと $\dfrac{dz}{dx} = 3x^2$，$\dfrac{dx}{dz} = \dfrac{1}{3x^2}$ となり

$$\int x^2(1+x^3)dx = \int x^2 z \frac{1}{3x^2}dz = \frac{1}{3}\int zdz = \frac{1}{6}z^2 = \frac{1}{6}(1+x^3)^2$$

というようになる．ところが，これはまた

$$\int (x^2 + x^5)dx = \int x^2 dx + \int x^5 dx = \frac{x^3}{3} + \frac{x^6}{6} = \frac{x^3}{6}(2+x^3)$$

となって一見すると全くちがった結果をえたように見えるが，これは両者に加わる積分定数がちがうためで，それぞれに適当な積分定数を与えると同一の式になる．その関係を求めると

$$\frac{1}{6}(1+x^3)^2 + C_1 = \frac{x^3}{6}(2+x^3) + C_2$$

となり，$C_2 = C_1 + 1/6$ の関係にある．これを後式に代入すると

$$\frac{x^3}{6}(2+x^3)+\frac{1}{6}+C_1=\frac{1}{6}(1+2x^3+x^6)+C_1=\frac{1}{6}(1+x^3)^2+C_1$$

となって前の結果と一致する．このように不定積分では積分の方法がちがうとか，変数をどのように置換するかによって，加える積分定数の値がちがってきて，求められた積分の形の相違する場合がある．また，合成関数の微分の場合と同様に，積分変数のおきかえは必ずしも一つとはかぎらない．例えば次式のような変換も行ないうる

$$\int f(x)dx = \int \Psi(u)\frac{dx}{dz}\cdot\frac{dz}{dv}\cdot\frac{dv}{du}\cdot du \tag{2.8}$$

次に上述の置換積分法の簡単な実例をあげて補説しよう．

$\int (ax+b)^n dx$ 〔例1〕 $\int (ax+b)^n dx$ を求める．

被積分関数で $ax+b=z$ とおくと $\dfrac{dz}{dx}=a$, $\dfrac{dx}{dz}=\dfrac{1}{a}$

$$\int (ax+b)^n dx = \int z^n \cdot \frac{1}{a}dz = \frac{z^{n+1}}{a(n+1)}+C = \frac{(ax+b)^{n+1}}{a(n+1)}+C$$

$\int x\sqrt{x+1}\,dx$ 〔例2〕 $\int x\sqrt{x+1}\,dx$ を求める．

この被積分関数の根号をなくするように考えて，$\sqrt{x+1}=z$, $x+1=z^2$ とおくと，$x=z^2-1$, $\dfrac{dx}{dz}=2z$ となるので，

$$\int x\sqrt{x+1}\,dx = \int (z^2-1)\cdot z\cdot 2z\cdot dz = 2\int (z^4-z^2)dz = 2\left(\frac{z^5}{5}-\frac{z^3}{3}\right)+C$$
$$= 2\left\{\frac{(x+1)^{\frac{5}{2}}}{5}-\frac{(x+1)^{\frac{3}{2}}}{3}\right\}+C$$

$\int \dfrac{\varepsilon^x-1}{\varepsilon^x+1}dx$ 〔例3〕 $\int \dfrac{\varepsilon^x-1}{\varepsilon^x+1}dx$ を求める．

被積分関数で $\varepsilon^x=z$ とおくと $\dfrac{dz}{dx}=\varepsilon^x$, $\dfrac{dx}{dz}=\dfrac{1}{\varepsilon^x}=\dfrac{1}{z}$ となるので，

$$\int \frac{\varepsilon^x-1}{\varepsilon^x+1}dx = \int \frac{z-1}{z+1}\cdot\frac{1}{z}dz = \int \frac{2z-(z+1)}{z(z+1)}dz$$
$$= \int \frac{2}{z+1}dz - \int \frac{1}{z}dz = 2\log(z+1)-\log z$$
$$= 2\log(\varepsilon^x+1)-x+C$$

$\int \dfrac{1}{\sin x}dx$ 〔例4〕 $\int \dfrac{1}{\sin x}dx$ を求める．

被積分関数の形をかえて，$\sin x = 2\sin\dfrac{x}{2}\cos\dfrac{x}{2}$ とおき，その分母子を $\cos^2\dfrac{x}{2}$ で除すると

$$\frac{1}{\sin x} = \frac{1}{2\sin\frac{x}{2}\cos\frac{x}{2}} = \frac{\sec^2\frac{x}{2}}{2\tan\frac{x}{2}}$$

ここで $\tan\frac{x}{2} = z$ とおくと $\dfrac{dz}{dx} = \dfrac{1}{2}\sec^2\dfrac{x}{2}$, $\dfrac{dx}{dz} = \dfrac{2}{\sec^2\dfrac{x}{2}}$ となるので

$$\int\frac{1}{\sin x}dx = \int\frac{\sec^2\frac{x}{2}}{2z}\cdot\frac{2}{\sec^2\frac{x}{2}}dz = \int\frac{1}{z}dz = \log z = \log\left(\tan\frac{x}{2}\right) + C$$

$\int\sqrt{a^2-x^2}\,dx$

〔例 5〕 $\int\sqrt{a^2-x^2}\,dx$ を求める．ただし $a > 0$

被積分関数の根号をなくするために $x = a\sin\theta\ (-\pi/2 \leqq \theta \leqq \pi/2)$ とおくと，

$$\frac{dx}{d\theta} = a\cos\theta,\ \ \text{また}\ \sqrt{a^2-x^2} = a\sqrt{1-\sin^2\theta} = a\cos\theta$$

$$\int\sqrt{a^2-x^2}\,dx = \int a\cos\theta\cdot a\cos\theta\,d\theta = a^2\int\cos^2\theta\,d\theta$$
$$= \frac{a^2}{2}\int(1+\cos 2\theta)\,d\theta = \frac{a^2}{2}\left(\theta + \frac{\sin 2\theta}{2}\right) + C$$

になるが，ここで

$$\sin\theta = \frac{x}{a},\ \theta = \sin^{-1}\frac{x}{a},\ \cos\theta = \sqrt{1-\frac{x^2}{a^2}}$$

$$\sin 2\theta = 2\sin\theta\cos\theta = 2\frac{x}{a}\sqrt{1-\frac{x^2}{a^2}} = \frac{2x}{a^2}\sqrt{a^2-x^2}$$

となるので

$$\int\sqrt{a^2-x^2}\,dx = \frac{a^2}{2}\left(\sin^{-1}\frac{x}{a} + \frac{x}{a^2}\sqrt{a^2-x^2}\right) + C$$
$$= \frac{1}{2}\left(a^2\sin^{-1}\frac{x}{a} + x\sqrt{a^2-x^2}\right) + C$$

2·3 不定積分での部分積分法

これは既述したように関数の積の微分に相当するもので，積の微分の公式

$$\frac{df(x)g(x)}{dx} = f'(x)g(x) + f(x)g'(x)$$

において，この両辺を x について積分すると

$$f(x)g(x) = \int f'(x)g(x)\,dx + \int f(x)g'(x)\,dx$$

2·3 不定積分での部分積分法

$$\therefore \int f(x)g'(x)dx = f(x)g(x) - \int f'(x)g(x)dx \qquad (2·9)$$

この式で $g(x) = x$ とおくと

$$\int f(x)dx = xf(x) - \int xf'(x)dx \qquad (2·10)$$

または $\quad \int xf'(x)dx = xf(x) - \int f(x)dx \qquad (2·11)$

部分積分法　これが**部分積分法**（Integration by parts）といわれるもので，一部分ずつ積分して行くので，このように命名された．この (2·9) 式を利用すると $f(x) g'(x)$ の積分を求めるのに $f'(x) g(x)$ の積分を求めればよいことになり，この $f'(x) g(x)$ の積分の方がやさしいときに，この方法を用いる．

$\int x \sin x dx$　例えば，$\int x \sin x dx$ を求めるのに

$$f(x) = x, \; f'(x) = 1, \; \frac{dg(x)}{dx} = g'(x) = \sin x, \; g(x) = \int \sin x dx = -\cos x$$

とおくと，(2·9) 式より

$$\int x \sin x dx = -x \cos x - \int 1 \times (-\cos x) dx$$
$$= -x \cos x + \sin x + C$$

というように求められる．

　この例からも明らかなように，積の形の被積分関数の一方の因子は既に微分された形の $g'(x)$ であると考え，その原始関数としての $g(x)$ を求める —— この式では $g(x)$ は $g'(x)$ のある定まった原始関数を表すものとして積分定数は加えない —— この積分 $g(x) = \int g'(x)dx$ が困難だと部分積分法はその第一歩からつまずく．従って積分の難しいものを $f(x)$ とおく．また，$f'(x)$ は $f(x)$ の微分だから容易に求められるが，この $f'(x) g(x)$ が積分しやすい形にならないと，この方法は行いにくくなる．ということは，$f(x)$ を微分した結果としての $f'(x)$ が簡単な形となることで，部分積分法を適用するのが適当かどうかの判定は，被積分関数の中に微分すると簡単になる因子があるかどうかを調べて，この因子を $f(x)$ とおくものとして考えてみる．なお，この法則を1回だけ適用したのでは積分ができず，2回以上くり返して適用して初めて積分できる場合もある．

　次に簡単な実例をあげて部分積分法の適用を補説することにしよう．

$\int x \log x dx$　〔例1〕$\int x \log x dx$ を求める．

(2·9) 式で $f(x) = \log x$ とおくと，$f'(x) = \dfrac{d}{dx} \log x = \dfrac{1}{x}$ となるので

$$\int \log x dx = x \log x - \int x \times \frac{1}{x} dx = x \log x - x + C = x(\log x - 1) + C$$

　　注：　これらの積分でも積分定数を考えないと奇妙な結果を招くことがある．例えば，$\varepsilon^x \varepsilon^{-x}$ の形を積分するのに，(2·9) 式で $g'(x) = \varepsilon^x$ とおくと $g(x) = \varepsilon^x$ になり，$f(x) = \varepsilon^{-x}$ とすると $f'(x) = -\varepsilon^{-x}$ になるので

$$\int \varepsilon^x \varepsilon^{-x} dx = \varepsilon^{-x} \varepsilon^x - \int -\varepsilon^{-x} \varepsilon^x dx = 1 + \int \varepsilon^x \varepsilon^{-x} dx$$

2 不定積分の計算法

この左右を比較すると明らかに $1=0$ ということになる.

こういう奇妙なことになったのは積分定数が両辺の積分において同一値でないためで，左辺の積分定数を C_1，右辺の積分定数を C_2 とすると $C_1-C_2=1$ となって，この等式が正しく成立し，$1=0$ ではない.

$\int x\log x\,dx$

〔例 2〕 $\int x\log x\,dx$ を求める.

$(2\cdot 9)$ 式で積分が難しく微分の容易な $f(x)=\log x$ とおくと $f'(x)=\dfrac{1}{x}$，また $g'(x)=x$ とすると $g(x)=\dfrac{x^2}{2}$ となるので

$$\int x\log x\,dx = \frac{x^2}{2}\log x - \int \frac{1}{x}\cdot\frac{x^2}{2}dx = \frac{x^2}{2}\log x - \frac{x^2}{4}+C$$
$$= \frac{x^2}{4}(2\log x - 1)+C$$

同様に $\int x\varepsilon^x dx$ では，$f(x)=x$, $f'(x)=1$, $g'(x)=\varepsilon^x$, $g(x)=\varepsilon^x$ とおくと

$$\int x\varepsilon^x dx = x\varepsilon^x - \int 1\times\varepsilon^x dx = x\varepsilon^x - \varepsilon^x + C = \varepsilon^x(x-1)+C$$

$\int\sqrt{x^2\pm a^2}\,dx$

〔例 3〕 $\int\sqrt{x^2\pm a^2}\,dx$ を求める.

$(2\cdot 9)$ 式で $f(x)=\sqrt{x^2\pm a^2}$ とおくと，$f'(x)=\dfrac{x}{\sqrt{x^2\pm a^2}}$
また $g'(x)=1$ とすると $g(x)=x$ になるので

$$I = \int\sqrt{x^2\pm a^2}\,dx = x\sqrt{x^2\pm a^2} - \int\frac{x^2}{\sqrt{x^2\pm a^2}}dx \tag{1}$$

また $I = \int\sqrt{x^2\pm a^2}\,dx = \int\dfrac{x^2\pm a^2}{\sqrt{x^2\pm a^2}}dx = \int\dfrac{x^2}{\sqrt{x^2\pm a^2}}dx \pm a^2\int\dfrac{1}{\sqrt{x^2\pm a^2}}dx$

$$= \int\frac{x^2}{\sqrt{x^2\pm a^2}}dx \pm a^2\log\{x+\sqrt{x^2\pm a^2}\} \tag{2}$$

ただし，$\dfrac{d}{dx}\log\{x+\sqrt{x^2\pm a^2}\} = \dfrac{1}{x+\sqrt{x^2\pm a^2}}\left(1+\dfrac{x}{\sqrt{x^2\pm a^2}}\right) = \dfrac{1}{\sqrt{x^2\pm a^2}}$

$$\therefore\quad \int\frac{1}{\sqrt{x^2\pm a^2}}dx = \log\{x+\sqrt{x^2\pm a^2}\}+C \tag{2・12}$$

上記の(1)式と(2)式を相加えて 1/2 すると，

$$I = \int\sqrt{x^2\pm a^2}\,dx = \frac{1}{2}\left\{x\sqrt{x^2\pm a^2}\pm a^2\log(x+\sqrt{x^2\pm a^2})\right\}+C$$

$\int\varepsilon^{\alpha x}\sin\beta x\,dx$

〔例 4〕 $\int\varepsilon^{\alpha x}\sin\beta x\,dx$ を求める.

$\varepsilon^{\alpha x}$ を積分し，$\sin\beta x$ を微分する方針で部分積分法を適用する．すなわち，$(2\cdot 9)$ 式で $f(x)=\sin\beta x$ とおくと $f'(x)=\beta\cos\beta x$，また $g'(x)=\varepsilon^{\alpha x}$ とすると $g(x)=\dfrac{1}{\alpha}\varepsilon^{\alpha x}$ となるので，

—14—

2・3　不定積分での部分積分法

$$I = \int \varepsilon^{\alpha x} \sin \beta x \, dx = \frac{1}{\alpha} \varepsilon^{\alpha x} \sin \beta x - \frac{\beta}{\alpha} \int \varepsilon^{\alpha x} \cos \beta x \, dx \tag{1}$$

次にこの(1)式の右辺の第2項 $\int \varepsilon^{\alpha x} \cos \beta x \, dx$ において，$\varepsilon^{\alpha x}$ を積分し $\cos \beta x$ を微分する方針で部分積分法を適用すると，$(2 \cdot 9)$ 式で $f(x) = \cos \beta x$ とおくと，$f'(x) = -\beta \sin \beta x$，また $g'(x) = \varepsilon^{\alpha x}$ とおくと $g(x) = \frac{1}{\alpha} \varepsilon^{\alpha x}$ となるので，

$$\begin{aligned}\int \varepsilon^{\alpha x} \cos \beta x \, dx &= \frac{1}{\alpha} \varepsilon^{\alpha x} \cos \beta x - \frac{\beta}{\alpha} \int \varepsilon^{\alpha x} (-\sin \beta x) \, dx \\ &= \frac{1}{\alpha} \varepsilon^{\alpha x} \cos \beta x + \frac{\beta}{\alpha} I \end{aligned} \tag{2}$$

この(2)式を(1)式に代入すると，

$$I = \frac{1}{\alpha} \varepsilon^{\alpha x} \sin \beta x - \frac{\beta}{\alpha} \left(\frac{1}{\alpha} \varepsilon^{\alpha x} \cos \beta x + \frac{\beta}{\alpha} I \right)$$

$$\left(I + \frac{\beta^2}{\alpha^2} I \right) = \frac{1}{\alpha} \varepsilon^{\alpha x} \sin \beta x - \frac{\beta}{\alpha^2} \varepsilon^{\alpha x} \cos \beta x$$

$$\therefore \quad I = \int \varepsilon^{\alpha x} \sin \beta x \, dx = \frac{\varepsilon^{\alpha x}}{\alpha^2 + \beta^2} (\alpha \sin \beta x - \beta \cos \beta x) + C$$

同様にして $\int \varepsilon^{\alpha x} \cos \beta x \, dx = \dfrac{\varepsilon^{\alpha x}}{\alpha^2 + \beta^2} (\beta \sin \beta x + \alpha \cos \beta x) + C$ が求められる．

$\int x^2 \cos x \, dx$　〔例5〕 $\int x^2 \cos x \, dx$ を求める．

$(2 \cdot 9)$ 式で $f(x) = x^2$ とおくと $f'(x) = 2x$ になり，$g'(x) = \cos x$ とおくと $g(x) = \sin x$ となるので

$$\int x^2 \cos x \, dx = x^2 \sin x - \int 2x \sin x \, dx \tag{1}$$

となる．この第2項にさらに部分積分法を適用するために $f(x) = x$ とおくと $f'(x) = 1$，$g'(x) = \sin x$ とおくと $g(x) = -\cos x$ になるので

$$\begin{aligned} 2 \int x \sin x \, dx &= 2x(-\cos x) - 2 \int 1 \times (-\cos x) \, dx \\ &= -2x \cos x + 2 \sin x \end{aligned} \tag{2}$$

(2)式を(1)式に代入すると

$$\int x^2 \cos x \, dx = x^2 \sin x + 2x \cos x - 2 \sin x + C$$

同様に部分積分法をくり返して適用して

$$\int x^3 \sin x \, dx = -x^3 \cos x + 3x^2 \sin x + 6x \cos x - 6 \sin x + C$$

が求められる．この方法を漸化法というが，節を改めて説明することにしよう．

2・4 不定積分における漸化法

2・3の〔例5〕で示したように，整数の指数nをもつ形式の関数の積分に部分積分法を適用すると，nが一つ少なくなった場合の同種の積分に帰着する場合がある．このときの$n=0$の不定積分が簡単に求められるなら，この方法をくり返し適用して，nを一つずつ減らして行って$n=0$にまで持って行くと積分が完了する．これが漸化法であって，この初めの段階で如何に積分をくり返して行うかを示した一般式が**漸化式**である．例えば

$$I_n = \int x^n \varepsilon^{kx} dx \quad (ただし，n；整数)$$

を求めるのに，前掲した部分積分の公式 (2・9) で，$f(x) = x^n$ とおくと $f'(x) = nx^{n-1}$ になり，$g'(x) = \varepsilon^{kx}$ とすると，$g(x) = \int \varepsilon^{kx} dx = \dfrac{\varepsilon^{kx}}{k}$ になるので，

$$I_n = \frac{x^n \varepsilon^{kx}}{k} - \frac{n}{k} \int x^{n-1} \varepsilon^{kx} dx = \frac{x^n \varepsilon^{kx}}{k} - \frac{n}{k} I_{n-1} \tag{1}$$

この右辺の第2項のI_{n-1}に，さらに部分積分法を用いると，

$$I_{n-1} = \frac{x^{n-1} \varepsilon^{kx}}{k} - \frac{n-1}{k} \int x^{n-2} \varepsilon^{kx} dx = \frac{x^{n-1} \varepsilon^{kx}}{k} - \frac{n-1}{k} I_{n-2}$$

となり，さらに，この第2項のI_{n-2}に部分積分法を適用するというようにくり返して用いて $x^{n-n} = x^0 = 1$ まで行うと，

$$I_0 = \int \varepsilon^{kx} dx = \frac{1}{k} \varepsilon^{kx} + C$$

になって積分が完了する．この場合の(1)式を $\int x^n \varepsilon^{kx} dx$ の漸化式（Reduction formula）という．いま，1例をあげると

$I_n = \int \tan^n \theta \, d\theta$ （ただし，n；整数）の漸化式を求めると，

$$I_n = \int \tan^{n-2} \theta \cdot \tan^2 \theta = \int \tan^{n-2} \theta (\sec^2 \theta - 1) d\theta$$
$$= \int \tan^{n-2} \theta \sec^2 \theta \, d\theta - \int \tan^{n-2} \theta \, d\theta$$

この第1項に置換積分法を用い，

$\tan \theta = z$ とおくと，$\dfrac{dz}{d\theta} = \sec^2 \theta$，従って，$\dfrac{d\theta}{dz} = \dfrac{1}{\sec^2 \theta}$

$$\int \tan^{n-2} \theta \sec^2 \theta \, d\theta = \int z^{n-2} \cdot \sec^2 \theta \cdot \frac{1}{\sec^2 \theta} dz = \frac{z^{n-1}}{n-1} = \frac{1}{n-1} \tan^{n-1} \theta$$

$$\therefore \quad I_n = \frac{1}{n-1} \tan^{n-1} \theta - \int \tan^{n-2} \theta \, d\theta = \frac{1}{n-1} \tan^{n-1} \theta - I_{n-2}$$

これが求めるこの場合の漸化式であって，念のためI_{n-2}を求めると

$$I_{n-2} = \int \tan^{n-4} \theta (\sec^2 \theta - 1) d\theta = \frac{1}{n-3} \tan^{n-3} \theta - \int \tan^{n-4} \theta \, d\theta$$

これをくり返すと最後の項はnが偶数のとき $\int d\theta = \theta$ となり，nが奇数のときは

2·4 不定積分における漸化法

$\int \tan\theta d\theta = -\log(\cos\theta)$ となって積分は完了する．

この方法は，このように，例えばnを任意の整数としたとき，例えば$\int x^n \sin\beta x dx$，$\int x^n \cos\beta x$，$\int x^n \log x dx$，$\int (\log x)^n dx$などに用いられ，上述のようにくり返し部分積分法を適用したつぎつぎの段階で指数nがその度ごとに下げられて，ついにこれが0になるように行えばよい．次に，二三の例題をつけ加えておく．

$\int x^n \sin x dx$

〔例1〕 $\int x^n \sin x dx$の漸化式を求める．

部分積分の(2·9)式で，$f(x) = x^n$, $f'(x) = nx^{n-1}$，および$g'(x) = \sin x$, $g(x) = -\cos x$ とおくと，

$$I_n = -x^n \cos x + n\int x^{n-1} \cos x dx$$

ここで右辺の第2項にさらに部分積分法を適用して，$f(x) = x^{n-1}$, $f'(x) = (n-1)x^{n-2}$および$g'(x) = \cos x$, $g(x) = \sin x$とすると，

$$I_n = -x^n \cos x + nx^{n-1}\sin x - n(n-1)\int x^{n-2}\sin x dx$$
$$= -x^n \cos x + nx^{n-1}\sin x - n(n-1)I_{n-2}$$

これが，この場合の漸化式であって，順次にnを2段低いものに下げて行けるので，nが偶数の時は最後の積分は$\int \sin x dx = -\cos x$になり，nが奇数のときは$\int x\sin x = -x\cos x + \sin x$になる．

$\int \sin^n x dx$

〔例2〕 $\int \sin^n x dx$の漸化式を求める．

$$I_n = \int \sin^n x dx = \int \sin^{n-1}x \cdot \sin x dx$$

とおいて部分積分法を適用し，$f(x)\sin^{n-1}x$, $f'(x) = (n-1)\sin^{n-2}x\cos x$および$g'(x) = \sin x$, $g(x) = -\cos x$ とおくと，

$$I_n = -\sin^{n-1}x\cos x + (n-1)\int \sin^{n-2}x\cos^2 x dx$$
$$= -\sin^{n-1}x\cos x + (n-1)\int \sin^{n-2}x(1-\sin^2 x)dx$$
$$= -\sin^{n-1}x\cos x + (n-1)\int \sin^{n-2}x dx - (n-1)\int \sin^n x dx$$
$$I_n = -\sin^{n-1}x\cos x + (n-1)I_{n-2} - (n-1)I_n$$
$$I_n + (n-1)I_n = -\sin^{n-1}x\cos x + (n-1)I_{n-2}$$
$$\therefore \quad I_n = -\frac{1}{n}\sin^{n-1}x\cos x + \frac{1}{n}(n-1)I_{n-2} \tag{1}$$

これがこの場合の漸化式であって，nを順次に2ずつ減じてゆけばよい．例えば

$$I_{n-2} = -\frac{\sin^{n-3}x\cos x}{n-2} + \frac{n-3}{n-2}I_{n-4}$$

$$I_{n-4} = -\frac{\sin^{n-5}x\cos x}{n-4} + \frac{n-5}{n-4}I_{n-6}$$

2 不定積分の計算法

というようになり，これをくり返して適用すると，I_nはnが偶数だとI_0に，nが奇数だとI_1に帰着され，

$$I_0 = \int dx = x + C, \quad I_1 = \int \sin x\, dx = -\cos x + C$$

となりI_nを求めることができる．

この場合の漸化式(1)が有用なのは，nが正の整数であるときの定積分$\int_0^{\frac{\pi}{2}} \sin^n x\, dx$の値を求める場合である．すなわち

$$\int_0^{\frac{\pi}{2}} \sin^n x\, dx = \left[-\frac{\sin^{n-1} x \cos x}{n} \right]_0^{\frac{\pi}{2}} + \frac{n-1}{n} \left[I_{n-2} \right]_0^{\frac{\pi}{2}}$$

となるが，この右辺の第1項は0になるので

$$\int_0^{\frac{\pi}{2}} \sin^n x\, dx = \frac{n-1}{n} \int_0^{\frac{\pi}{2}} \sin^{n-2} x\, dx$$

これは上記から明らかなように

nが奇数のとき $\displaystyle \int_0^{\frac{\pi}{2}} \sin^n x\, dx = \frac{(n-1)(n-3)\cdots 4\cdot 2}{n(n-2)\cdots 5\cdot 3} \int_0^{\frac{\pi}{2}} (\sin x)\, dx$

$$= \frac{(n-1)(n-3)\cdots 4\cdot 2}{n(n-2)\cdots 5\cdot 3}$$

nが偶数のとき $\displaystyle \int_0^{\frac{\pi}{2}} \sin^n x\, dx = \frac{(n-1)(n-3)\cdots 3\cdot 1}{n(n-2)\cdots 4\cdot 2} \int_0^{\frac{\pi}{2}} dx$

$$= \frac{(n-1)(n-3)\cdots 3\cdot 1}{n(n-2)\cdots 4\cdot 2} \cdot \frac{\pi}{2}$$

というように求める．

なお，この漸化式で$n>0$で整数でないときは，I_nの最後の積分の指数が1より小さい正または負の分数になるまで漸化すればよい．また$n<0$の場合は，I_{n-2}の$n-2$の絶対値はnの絶対値より大きい．ここでmを正数とし，$n=-m$とすると，前の(1)式で$n=-m$とおいて

$$I_n = \int \sin^n x\, dx = \int \frac{1}{\sin^m x}\, dx = \frac{\cos x}{m \sin^{m+1} x} + \frac{m+1}{m} \int \frac{1}{\sin^{m+2} x}\, dx$$

$$\int \frac{1}{\sin^{m+2} x}\, dx = -\frac{\cos x}{(m+1)\sin^{m+1} x} + \frac{m}{m+1} \int \frac{1}{\sin^m x}\, dx$$

ここで，$m \to (m-2)$とおくと，$m+2 \to m-2+2 = m$となり，$m+1 \to m-2+1 = m-1$となって

$$\int \frac{1}{\sin^m x}\, dx = -\frac{\cos x}{(m-1)\sin^{m-1} x} + \frac{m-2}{m-1} \int \frac{1}{\sin^{m-2} x}\, dx$$

という漸化式がえられるが，一般に次のように変形すると積分が容易になる．

$$\int \frac{1}{\sin^m x}\, dx = \int \frac{\sin^2 x + \cos^2 x}{\sin^m x}\, dx$$

$$= \int \frac{1}{\sin^{m-2} x}\, dx + \int \frac{\cos x}{\sin^m x} \cdot \cos x\, dx$$

2·4 不定積分における漸化法

〔例3〕 $\int \sin^m x \cos^n x\, dx$ の漸化式を求める．

$$I_{mn} = \int \sin^m x \cos^n x\, dx = \int \sin^m x \cdot \cos x \cdot \cos^{n-1} x\, dx$$

とおいて部分積分を行う．

$f(x) = \cos^{n-1} x$ とおくと，$f'(x) = -(n-1)\cos^{n-2} x \sin x$ となり，$g'(x) = \sin^m x \cos x$ とおき $g(x)$ を求めるのに置換積分法を用い，$\sin x = z$ とおくと $\dfrac{dz}{dx} = \cos x,\ \dfrac{dx}{dz} = \dfrac{1}{\cos x}$ になるので，

$$g(x) = \int \sin^m x \cos x\, dx = \int z^m \cos x \cdot \frac{1}{\cos x}\, dz = \frac{z^{m+1}}{m+1} = \frac{\sin^{m+1} x}{m+1}$$

$$I_{mn} = \frac{\sin^{m+1} x}{m+1} \cos^{n-1} x + \frac{n-1}{m+1} \int \sin^{m+2} x \cos^{n-2} x\, dx$$

ここで，$\sin^{m+2} x \cos^{n-2} x = \sin^m x(1-\cos^2 x)\cos^{n-2} x$
$\qquad\qquad\qquad\qquad = \sin^m x \cos^{n-2} x - \sin^m x \cos^n x$

となるので，前式右辺第2項の積分は

$$\int \sin^{m+2} x \cos^{n-2} x\, dx = \int \sin^m x \cos^{n-2} x\, dx - \int \sin^m x \cos^n x\, dx = I_{m,n-2} - I_{m,n}$$

これを前の I_{mn} の式に代入すると

$$I_{mn} = \frac{\sin^{m+1} x \cos^{n-1} x}{m+1} + \frac{n-1}{m+1}(I_{m,n-2} - I_{mn})$$

$$\therefore\quad I_{mn} = \frac{1}{m+n} \sin^{m+1} x \cos^{n-1} x + \frac{n-1}{m+n} I_{m,n-2} \tag{1}$$

これが，この場合の漸化式であるが，また，I_{mn} を

$$I_{mn} = \int \sin^{m-1} x \cdot \sin x \cos^n x\, dx$$

とおいて漸化式を上記の要領で求めると

$$I_{mn} = -\frac{1}{m+n} \sin^{m-1} x \cos^{n+1} x + \frac{m+1}{m+n} I_{m-2,n} \tag{2}$$

というように求められる．

なお，定積分の計算をするのに，この(1)，(2)の両漸化式を適当に併用すると便利である．すなわち，m, n が正の整数であるとき，0から$\pi/2$までの定積分を求めるのに，n が奇数だと(1)式によって I_{mn} は I_{m1} まで求められ，次に(2)式によって I_{m1} は m が奇数のとき I_{11} まで，m が偶数のとき I_{01} まで求められる．n が偶数だと(1)式によって I_{mn} は I_{m0} まで求められ，I_{m0} は〔例2〕の積分法を応用すると，m が奇数か偶数かによって I_{10} または I_{00} まで求められる．このようにして，I_{mn} は次の四つのいずれかの場合まで求められる．

m が奇数，n が奇数のとき $\quad I_{11} = \int \sin x \cos x = \dfrac{1}{2}\sin^2 x + C$

m が偶数，n が奇数のとき $\quad I_{01} = \int \cos x\, dx = \sin x + C$

2 不定積分の計算法

m が奇数，n が偶数のとき　　$I_{10} = \int \sin x \, dx = -\cos x + C$

m が偶数，n が偶数のとき　　$I_{00} = \int dx = x + C$

これらに，定積分の限界値 $(0, \pi/2)$ を入れると

$$\left[I_{11}\right]_0^{\frac{\pi}{2}} = \frac{1}{2}, \quad \left[I_{01}\right]_0^{\frac{\pi}{2}} = 1, \quad \left[I_{10}\right]_0^{\frac{\pi}{2}} = 1, \quad \left[I_{00}\right]_0^{\frac{\pi}{2}} = \frac{\pi}{2}$$

となるので

$$\int_0^{\frac{\pi}{2}} \sin^m x \cos^n x \, dx = \frac{(m-1)(m-2)\cdots(n-1)(n-3)\cdots}{(m+n)(m+n-2)\cdots\cdots} \times \beta$$

ただし，$\beta = 1$ であって m, n が共に偶数のとき $\beta = \dfrac{\pi}{2}$

例えば　　$\int_0^{\frac{\pi}{2}} \sin^2 x \cos^4 x \, dx = \dfrac{1 \cdot 3 \cdot 1}{6 \cdot 4 \cdot 2} \times \dfrac{\pi}{2} = \dfrac{\pi}{32}$

　　注：　この積分は，他の積分を求める場合にも応用できる．

例えば $\int_0^a x^2 (a^2 - x^2)^{3/2} dx$ を求めるのに $x = a \sin\theta$ とすると $a^2 - x^2 = a^2 - a^2 \sin^2\theta = a^2 \cos^2\theta$ となり，$x = 0$ で $\theta = 0$，$x = a$ で $\theta = \pi/2$ となり

$$\int_0^a x^2 (a^2 - x^2)^{3/2} dx = a^5 \int_0^{\frac{\pi}{2}} \sin^2\theta \cos^3\theta \, d\theta = \frac{1 \cdot 2 a^5}{5 \cdot 3 \cdot 1} = \frac{2}{15} a^5$$

2·5　逆関数の積分に転化する不定積分法

逆関数　　**逆関数**というのは，例えば $y = \sin x \to f(x)$ とすると $x = \sin^{-1} y$ になるが，ここで x と y を入れかえると $y = \sin^{-1} x \to g(x)$ となり，この $f(x)$ と $g(x)$ は互いに逆関数関係にあるという．

このように $f(x)$ と $g(x)$ が互いに他の逆関数であると $t = g(x)$ とおくと $x = f(t)$ になり，この両辺を x について微分すると

$$\frac{df(t)}{dt} \cdot \frac{dt}{dx} = f'(t) \frac{dt}{dx} = \frac{dx}{dx} = 1 \quad f'(t) dt = dx$$

従って　$\int g(x) dx = \int t f'(t) dt$

これに $(2·9)$ 式の部分積分法を用いて，$f(t) = t$ とおくと $f'(t) = 1$ となり，$g'(t) = f'(t)$ とすると $g(t) = f(t)$ になるので

$$\int g(x) dx = t f(t) - \int f(t) dt = x g(x) - \int f(t) dt \tag{2·13}$$

として求められる．

$\int \sin^{-1} x \, dx$　　例えば，$\int \sin^{-1} x \, dx$ を求めるのに $(2·13)$ 式で $g(x) = \sin^{-1} x = t$ とすると，この逆関数は $f(t) = \sin t$ になるので

2・5 逆関数の積分に転化する不定積分法

$$\int \sin^{-1} x\,dx = x\sin^{-1} x - \int \sin t\,dt = x\sin^{-1} x + \sqrt{1-x^2} + C$$

ただし，$\int \sin t\,dt = -\cos t = -\cos(\sin^{-1} x)$

この $\cos(\sin^{-1} x)$ というのは，$\sin \theta = x$ となるような $\cos \theta$ を求めるのだから，$\cos \theta = \sqrt{1 - \sin^2 \theta} = \sqrt{1-x^2}$ となり，上記のようになる．これらの例からも明らかなように，この方法は被積分関数が逆関数を有し，その逆関数の方が積分しやすいときに用いる．次の例題について，さらにその点を確かめられたい．

$\int \cos^{-1} x\,dx$ 〔例1〕 $\int \cos^{-1} x\,dx$ を求める．

$g(x) = \cos^{-1} x = t$ とすると，この逆関数は $f(t) = \cos t$ になるので

$$\int \cos^{-1} x\,dx = x\cos^{-1} x - \int \cos t\,dt = x\cos^{-1} x - \sqrt{1-x^2} + C$$

ただし，$\int \cos t\,dt = -\sin t = -\sin(\cos^{-1} x)$

この $\sin(\cos^{-1} x)$ というのは，$\cos \theta = x$ となるような $\sin \theta$ を求めるのだから，$\sin \theta = \sqrt{1 - \cos^2 \theta} = \sqrt{1-x^2}$ となって上式のようになる．

$\int \log x\,dx$ 〔例2〕 $\int \log x\,dx$ を求める．

$g(x) = \log x = t$ とすると，この逆関数は $f(t) = \varepsilon^t$ になるので

$$\int \log x\,dx = x\log x - \int \varepsilon^t\,dt = x\log x - x + C$$

ただし，$\int \varepsilon^t\,dt = \varepsilon^t = \varepsilon^{\log x}$

この $\varepsilon^{\log x} = u$ とおくと $\log u = \log x$ となり，$u = x = \varepsilon^{\log x}$ になって，上式のようになる．

$\int \tan^{-1} x\,dx$ 〔例3〕 $\int \tan^{-1} x\,dx$ を求める．

$g(x) = \tan^{-1} x = t$ とすると，この逆関数は $f(t) = \tan t$ になるので

$$\int \tan^{-1} x\,dx = x\tan^{-1} x - \int \tan t\,dt = x\tan^{-1} x - \frac{1}{2}\log(1+x^2) + C$$

ここで $\int \tan x\,dx$ を求めるのに，$\tan x = \sin x/\cos x$ とおいて置換積分法を用い，

$\cos x = z$ とおくと $\dfrac{dz}{dx} = -\sin x,\ \dfrac{dx}{dz} = -\dfrac{1}{\sin x}$ となり，

$$\int \tan x\,dx = \int \frac{\sin x}{\cos x}dx = \int \frac{1}{z}\cdot \sin x \cdot \left(-\frac{1}{\sin x}\right)dz$$
$$= -\int \frac{1}{z}dz = -\log z = -\log(\cos x)$$

となるので，$\int \tan t dt = -\log(\cos t)$ となるが，$\cos t = \cos(\tan^{-1} x)$，すなわち $\tan \theta = x$ となるような $\cos \theta$ であるから

$$\cos \theta = \frac{1}{\sqrt{1+\tan^2 \theta}} = \frac{1}{\sqrt{1+x^2}} = (1+x^2)^{-\frac{1}{2}}$$

従って，$\int \tan t dt = -\log(1+x^2)^{-\frac{1}{2}} = \frac{1}{2}\log(1+x^2)$ となって上式のようになる．

2·6 代数関数，超越関数の不定積分法

　連続関数は概ね導関数を有しているが，まれには導関数をもたない連続関数が存在する．すなわち，連続関数であっても微分できない場合がある．ところが逆に連続関数には必ず原始関数が存在していて，存在しているものはつかみやすく，どのような連続関数も積分が可能なはずである．というと微分が困難で積分が容易なように聞こえるが，事実はいままでに学ばれた積分計算の一端からさえ明らかなように，微分は機械的にたやすく行われたが積分は困難である．これは代数式の掛け算は機械的に容易だが，その因数分解の困難なことに似ていて，積分計算には一定の計算法がなく case by case の特別な推理を要することにもあるが，根本的には初等関数からなるどのように複雑な集合関数を微分しても結果は同一性質の初等関数からなる集合関数になるが，積分の場合は簡単な初等関数を積分した場合すらその原始関数は初等関数の有限個の組み合わせで表されなくなることにある．例えば，

$$\int \frac{1}{\sqrt{x^4+1}} dx, \quad \int \frac{\sin x}{x} dx, \quad \int \sqrt{\sin x}\, dx, \quad \int x \tan x\, dx, \quad \int \frac{\varepsilon^x}{x} dx,$$

$$\int \varepsilon \tan^{-1} x\, dx, \quad \int \frac{1}{\log x} dx, \quad \cdots\cdots\cdots\cdots$$

などは，いずれも有限個の初等関数で表されない．ところが，このような関数も各種の問題を解析するのに有用で，既述した $\int \varepsilon^{-x^2} dx$ は誤差論や確率論に用いられ，$\int \sin x^2 dx$ や $\int \cos x^2 dx$ は光の回折の理論に用いられるなど積分法が新しい関数を産む母胎になっている．――もっとも大局的な性質をもとにする微分は男性的で，局部的な性質をもとにする積分は女性的だからだというような冗談もいえるが，――こういう次第で，積分には一般的な方法はないので，微分の結果を逆用する．そこでできるかぎり多くの基本的な形の関数の微分を行って積分の私製公式集を作るなり，そのような基本公式集を座右において，それを参照して与えられた関数の積分を変形して，それらの基本形に転化して行うようにされたい．

　次に，各初等関数について不定積分の求め方を解説しよう．

【1】有理整関数の不定積分法

有理整関数　　一般的な有理整関数の積分は既述したことから明らかなように，各項毎に積分する．すなわち，

$$\int (a_0 x^n + a_1 x^{n-1} + \cdots + a_{n-1} x + a_n) dx$$
$$= \frac{a_0 x^{n+1}}{n+1} + \frac{a_1 x^n}{n} + \cdots + \frac{a_{n-1} x^2}{2} a_n x \tag{2・14}$$

また，単純分数のときは，例えば $1/(x+a)^n = (x+a)^{-n}$ とおくと

$$\int \frac{1}{(x+a)^n} dx = \int (x+a)^{-n} dx = \frac{1}{(n-1)(x+a)^{n-1}} + C \tag{2・15}$$

となる．ただし $n \neq 1$ で，$n = 1$ のときは，

$$\int \frac{1}{(x+a)} dx = \log(x+a) + C \tag{2・16}$$

になる．

【2】有理分数関数の不定積分法

これを一般抽象的に述べると厄介になり，かえってその実際が理解しにくいと考えるので，ここでは簡単な実例をあげて実際的に解説してみよう．

有理代数関数　まず与えられた有理代数関数の形が $\frac{f(x)}{g(x)}$ となり，分子 $f(x)$ の次数が分母 $g(x)$ の次数より大きいときは，除法をほどこして整式の部分に分け

$$\frac{f(x)}{g(x)} = P(x) + \frac{Q(x)}{g(x)}$$

の形にして各部分ごとに積分する．例えば

$$\int \frac{3x^2 + 17x + 22}{x+4} dx = \int \left(3x + 5 + \frac{2}{x+4} \right) dx$$
$$= \int 3x\, dx + \int 5\, dx + \int \frac{2}{x+4} dx = \frac{3}{2} x^2 + 5x + 2\log(x+4) + C$$

というように求めるが，この例では最後の分数の形が簡単に積分できたが，これがそう簡単でないときは，次のような方法を用いてみる．ただし，既に分子の次数は分母より小さくなっている．

(1) 分母が1次因数に分解される場合

部分分数　次の実例で示すように部分分数（Partial fraction）に分けて，分子の未知定数を定め，それぞれについて積分を行う．

例えば $\int \frac{3x-5}{x^2 - 2x - 3} dx$ を求めるのに，この被積分関数の分母を因数分解すると

$$x^2 - 3x + x - 3 = x(x-3) + (x-3) = (x+1)(x-3)$$

になるので，これを

$$\frac{3x-5}{x^2 - 2x - 3} = \frac{A}{x+1} + \frac{B}{x-3}$$

とおくと，右辺を通分して $3x - 5 = A(x-3) + B(x+1)$ がえられる．

この恒等式は x の値の如何なる場合でも成立せねばならないので，いま，$x = 3$ とおくと $3 \times 3 - 5 = 4B$，$B = 1$ となり，$x = -1$ とおくと $3 \times (-1) - 5 = -4A$，$A = 2$ になるので

2 不定積分の計算法

$$\int \frac{3x-5}{x^2-2x-3}dx = \int \frac{2}{x+1}dx + \int \frac{1}{x-3}dx$$
$$= 2\log(x+1) + \log(x-3) + C$$

というようにして求める．

(2) 分母がある因数の乗べきをふくむ場合

この場合も上述したように部分分数化して行う．

例えば，$\int \frac{3x-5}{(x-2)^2}dx$ を求めるのに，この場合の被積分関数を部分分数，すなわち

$$\frac{3x-5}{(x-2)^2} = \frac{A}{(x-2)} + \frac{B}{(x-2)^2}$$

とおくと，右辺を通分して，$3x-5 = A(x-2) + B$ となり，$x=2$ とおくと $B=1$ になり，$x=3$ とおくと $A+B=4$, $A=3$ となるので

$$\int \frac{3x-5}{(x-2)^2}dx = \int \frac{3}{x-2}dx + \int \frac{1}{(x-2)^2}dx = 3\log(x-2) - \frac{1}{x-2} + C$$

注； 右辺第2項の積分は (2・15) 式によった．

(3) 分母が2次因数をふくむ場合

これも前2項と同様に部分分数に分けて分子の未知定数を定めるが，これに微分法を応用する．

例えば $\int \frac{7x^2+4x-9}{x^3+x^2-3x-3}dx$ を求めるのに，被積分関数の分母を因数分解すると

$$x^2(x+1) - 3(x+1) = (x+1)(x^2-3)$$

となるので，被積分関数を次のような部分分数

$$\frac{7x^2+4x-9}{x^3+x^2-3x-3} = \frac{A}{x+1} + \frac{Bx+D}{x^2-3}$$

とすると，右辺の分母を払って

$$7x^2+4x-9 = A(x^2-3) + (Bx+D)(x+1) \tag{1}$$

とおくと，$x=-1$ で $-6=-2A$, $A=3$ となる．この(1)式の両辺を x について微分すると，

$$14x+4 = 2Ax + B(x+1) + Bx + D \tag{2}$$

ここで，$x=0$ とおくと $4=B+D$, さらに(2)式の両辺を x について微分すると

$$14 = 2A + B + B = 2A + 2B, \quad B = \frac{1}{2}(14-2A) = \frac{8}{2} = 4$$

となり，前の $4=B+D$ より $4=4+D$, $D=0$ になるので，

$$\int \frac{7x^2+4x-9}{x^3+x^2-3x-3}dx = \int \frac{3}{x+1}dx + \int \frac{4x}{x^2-3}dx$$
$$= 3\log(x+1) + 2\log(x^2-3) + C$$

というように求められる．

注； 右辺第2項の積分は (2・5) 式の(2)の分子が分母の微分であるときの

$$\int \frac{f'(x)}{f(x)}dx = \log f(x)$$

2·6 代数関数，超越関数の不定積分法

を適用するために $f(x) = x^2 - 3$, $f'(x) = 2x$ に合わせて

$$\int \frac{4x}{x^3 - 3} dx = 2\int \frac{2x}{x^2 - 3} dx = 2\log(x^2 - 3)$$

とした．

【3】無理関数の不定積分法

無理関数　無理関数の積分は一般的に不可能だといわれているが，その意味は既述したように初等関数として表されないということであって，その数値計算は可能であり，また，これが新しい関数として取上げられるなら，広い意味からいって積分は可能だといえる．しかし次に述べるように，無理関数が置換によって有理関数の積分におきかえられるときは積分は初等関数で与えられる．これを**積分の有理化**（Rationalization）という．なお，無理関数の積分の分類は書によってちがうようだが，ここでは私なりの分類によって説明することにしよう．

（1）根号内が1次整式の場合

根号内が1次整式で与えられ，$\sqrt[n]{ax+b}$ の形をとるときは $\sqrt[n]{ax+b} = z$ と変数を置換して積分する．

例えば $\int \frac{x}{\sqrt[3]{ax+b}} dx$ を求めるのに，$\sqrt[3]{ax+b} = z$ とおくと，$x = \frac{1}{a}(z^3 - b)$ となり，この両辺を x について微分すると

$$1 = \frac{3}{a} z^2 \frac{dz}{dx}, \quad dx = \frac{3}{a} z^2 dz \text{ になるので，}$$

$$\int \frac{x}{\sqrt[3]{ax+b}} dx = \frac{3}{a^2} \int \frac{(z^3 - b)z^2}{z} dz = \frac{3}{a^2} \left[\int z^4 dz - \int bz dz \right]$$

$$= \frac{3}{a^2} \left(\frac{1}{5} z^5 - \frac{b}{2} z^2 \right) = \frac{3}{10a^2} (ax+b)^{\frac{2}{3}} (2ax - 3b) + C$$

というように求められる．

この例から明らかなように，一般に $\int f(x, \sqrt[n]{ax+b}) dx$ において $\sqrt[n]{ax+b} = z$ とおくと，

$$x = \frac{z^n - b}{a} \text{ となり } dx = \frac{n}{a} z^{n-1} dz \text{ となるので}$$

$$\int f(x, \sqrt[n]{ax+b}) dx = \frac{n}{a} \int f\left(\frac{z^n - b}{a}, z \right) z^{n-1} dz \tag{2·17}$$

によって z の有理整式として積分できる．

> 注：左辺の $f(x, \sqrt[n]{ax+b})$ は $x \times \sqrt[n]{ax+b}$ でなく，x の項と $\sqrt[n]{ax+b}$ の項からなる任意の整式を表し，右辺の $f\left(\frac{z^n - b}{a}, z \right)$ では，この整式で x の項に $\frac{z^n - b}{a}$ を代置し，$\sqrt[n]{ax+b}$ の項に z を代置することを表している．

また，無理関数の根号内が1次整式である項を二つ以上ふくむ，例えば $f(\sqrt[n]{ax+b}, \sqrt[n]{cx+e})$ の場合は $f(\sqrt[n]{acx^2 + (bc+ae)x + be})$ となって，根号内が1次

2 不定積分の計算法

以上となる次項以下の場合に帰着する．なお，根号内が分数の形で分母子が1次整式の場合，すなわち

$$\int f\left(x, \sqrt[n]{\frac{ax+b}{cx+e}}\right)dx$$

を求めるには

$$\sqrt[n]{\frac{ax+b}{cx+e}} = z \quad \text{とおくと} \quad x = \frac{ez^n - b}{a - cz^n} \quad \text{となり}$$

この両辺を x について微分し $\quad dx = \dfrac{n(ae-bc)z^{n-1}}{(a-cz^n)^2}dz$

$$\therefore \quad \int f\left(x, \sqrt[n]{\frac{ax+b}{cx+e}}\right)dx = \int f\left(\frac{ez^n - b}{a - cz^n}, z\right)\frac{n(ae-bc)}{(a-cz^n)^2}z^{n-1}dz \qquad (2 \cdot 18)$$

によって有理関数として積分しうる．

$\int\sqrt{\dfrac{x+a}{x+b}}dx$ 　　例えば $\int\sqrt{\dfrac{x+a}{x+b}}dx$ を求めるのに，

$$\sqrt{\frac{x+a}{x+b}} = z \text{ とおくと，} \quad x = \frac{bz^2 - a}{1 - z^2}, \quad dx = \frac{2(b-a)z}{(1-z^2)^2}dz \text{ となり}$$

$$\int\sqrt{\frac{x+a}{x+b}}dx = \int z\frac{2(b-a)z}{(1-z^2)^2}dz = 2(b-a)\int\frac{z^2}{(1-z^2)^2}dz$$

この被積分関数を部分分数化すると，

$$\frac{z^2}{(1-z^2)^2} = \frac{z^2}{(z+1)^2(z-1)^2} = \frac{A}{z-1} + \frac{B}{z+1} + \frac{C}{(z-1)^2} + \frac{D}{(z+1)^2}$$

とおいてこれを通分すると

$$z^2 = A(z+1)^2(z-1) + B(z+1)(z-1)^2 + C(z+1)^2 + D(z-1)^2$$

ここで $z=1$ とすると $C=1/4$，$z=-1$ とすると $D=1/4$，また，$z=0$ とすると $A-B=1/2$ となり，次に $z=2$ として，C, D の値を代入すると $3A=B=1/2$ になり，$A=1/4$, $B=-1/4$ になるので

$$\int\frac{z^2}{(1-z^2)}dz = \frac{1}{4}\left\{\int\frac{1}{z-1}dz - \int\frac{1}{z+1}dz + \int\frac{1}{(z-1)^2}dz + \int\frac{1}{(z+1)^2}dz\right\}$$

$$= \frac{1}{4}\left\{\log(z-1) - \log(z+1) - \frac{1}{z-1} - \frac{1}{z+1}\right\}$$

$$\int\sqrt{\frac{x+a}{x+b}}dx = -\frac{a-b}{2}\left\{\log(z-1) - \log(z+1) - \frac{2z}{z^2-1}\right\}$$

$$= \frac{a-b}{2}\left(\log\frac{z+1}{z-1} + \frac{2z}{z^2-1}\right)$$

この z を x の値にもどすと

-26-

2·6 代数関数，超越関数の不定積分法

$$\frac{z+1}{z-1} = \frac{\sqrt{\frac{x+a}{x+b}}+1}{\sqrt{\frac{x+a}{x+b}}-1} = \frac{\sqrt{x+a}+\sqrt{x+b}}{\sqrt{x+a}-\sqrt{x+b}} = \frac{(\sqrt{x+a}+\sqrt{x+b})^2}{(x+a)-(x+b)}$$

$$= \frac{(\sqrt{x+a}+\sqrt{x+b})^2}{a-b}$$

$$\frac{2z}{z^2-1} = \frac{2\sqrt{\frac{x+a}{x+b}}}{\frac{x+a}{x+b}-1} = \frac{2\sqrt{(x+a)(x+b)}}{(x+a)-(x+b)} = \frac{2\sqrt{(x+a)(x+b)}}{a-b}$$

$$\therefore \int \sqrt{\frac{x+a}{x+b}}\,dx = \frac{(a-b)}{2}\log(\sqrt{x+a}+\sqrt{x+b})^2 - \frac{a-b}{2}\log(a-b)$$
$$+\sqrt{(x+a)(x+b)}$$
$$= (a-b)\log(\sqrt{x+a}+\sqrt{x+b}) + \sqrt{(x+a)(x+b)} + C$$

ただし，$-\frac{a-b}{2}\log(a-b)$ は積分定数 C の中にふくめた．

(2) 平方根内が2次整式の場合

平方根内が2次整式で与えられ $\sqrt{ax^2+bx+c}$ の形をとるとき，$a=0$ であると (1) の場合になり，また $b^2-4ac=0$ であると，ax^2+bx+c は完全平方になるので有理関数になる．従って，ここでは $a \neq 0$，$b^2-4ac \neq 0$ とする．この場合の積分法は，次の二つの場合に分けて考えられる．

(a) $ax^2+bx+c=0$ が実根を有する $b^2-4ac>0$ の場合

この場合の2根を α，β とすると

$$\sqrt{ax^2+bx+c} = \sqrt{a(x-\alpha)(x-\beta)} = \sqrt{a}\,(x-\beta)\sqrt{\frac{x-\alpha}{x-\beta}}$$

となって，(2·18) 式の場合に帰着される．

すなわち，$ax^2+bx+c = a(x-\alpha)(x-\beta)$ において

$a>0$ である場合は，$\sqrt{\frac{x-\alpha}{x-\beta}} = z$ とおくと，$x = \frac{\alpha - \beta z^2}{1-z^2}$ となり，

この両辺を x について微分すると $dx = \frac{2(\alpha-\beta)z}{(1-z^2)^2}dz$ となる．

また，上記より，$x-\alpha = \frac{(\alpha-\beta)z^2}{1-z^2}$，$x-\beta = \frac{\alpha-\beta}{1-z^2}$ となるので

$$\sqrt{ax^2+bx+c} = \sqrt{a}\sqrt{\frac{(\alpha-\beta)z^2}{1-z^2} \cdot \frac{\alpha-\beta}{1-z^2}} = \frac{\sqrt{a}\,(\alpha-\beta)z}{1-z^2}$$

となるので，

$$\int f(x,\sqrt{ax^2+bx+c})\,dx = \int f\left(\frac{\alpha-\beta z^2}{1-z^2}, \frac{2\sqrt{a}(\alpha-\beta)^2 z^2}{(1-z^2)^3}\right)dz \quad (2\cdot 19)$$

によって積分の有理化ができる．

2 不定積分の計算法

同様に，$a<0$ の場合は $\sqrt{\dfrac{x-\alpha}{\beta-x}}=z$ とおくと

$$x=\frac{\alpha+\beta z^2}{1+z^2} \quad となり \quad dx=\frac{2(\beta-\alpha)z}{(1+z^2)^2} \quad となって$$

$$\int f(x,\sqrt{ax^2+bx+c})dx=\int f\left(\frac{\alpha+\beta z^2}{1+z^2},\frac{2\sqrt{-a}(\beta-\alpha)^2 z^2}{(1+z^2)^3}\right)dz \tag{2·20}$$

によって計算することができる．

(b) $ax^2+bx+c=0$ が虚根を有する $b^2-4ac<0$ の場合

ここに

$$\sqrt{ax^2+bx+c}=\sqrt{\frac{(2ax+b)^2-b^2+4ac}{4a}}$$

となるので，これが実数であるためには，$a>0$ でなければならない．いま，

$$\sqrt{ax^2+bx+c}=z-\sqrt{a}\,x \quad とおくと$$

$$x=\frac{z^2-c}{2\sqrt{a}\,z+b} \quad となり, \quad dx=\frac{2(\sqrt{a}\,z^2+bz+\sqrt{a}\,c)}{(2\sqrt{a}\,z+b)^2}dz$$

従って上記と同様にして，

$$\int f(x,\sqrt{ax^2+bx+c})dx=\int f\left(\frac{z^2-c}{2\sqrt{a}\,z+b},\frac{2(\sqrt{a}\,z^2+bz+\sqrt{a}\,c)^2}{(2\sqrt{a}\,z+b)^3}\right)dz \tag{2·21}$$

によってこの場合の積分が有理化される．

ここで注意しておきたいことは，これらの公式を記憶することも結構だが，さらに根本的には，どういう場合にはどのような置換をするかの基本的な手法を完全に会得して，各場合に応じてさらに臨機の工夫をして積分をより簡単に求めるよう工夫をこらすことである．

$\int\sqrt{x^2+a^2}\,dx$ 　例えば $\int\sqrt{x^2+a^2}\,dx$ を求めるのに，この (x^2+a^2) は2次整式 ax^2+bx+c において $a=1$, $b=0$, $c=a^2$ の場合になり，$b^2-4ac=0-4a^2=-4a^2<0$ となり，上記の(2)の場合に相当するので前述したところにより

$$\sqrt{x^2+a^2}=z-x \quad とおくことになり，$$

$$x^2+a^2=z^2-2zx+x^2 \quad より, \quad x=\frac{z^2-a^2}{2z} \quad となり$$

この両辺を x について微分すると $dx=\dfrac{z^2+a^2}{2z^2}dz$

また，$\sqrt{x^2+a^2}=z-x=z-\dfrac{z^2-a^2}{2z}=\dfrac{z^2+a^2}{2z}$

$$\therefore \int\sqrt{x^2+a^2}\,dx=\int\left(\frac{z^2+a^2}{2z}\cdot\frac{z^2+a^2}{2z^2}\right)dz$$

2・6 代数関数，超越関数の不定積分法

$$= \int \left(\frac{z}{4} + \frac{a^2}{2z} + \frac{a^4}{4z^3}\right) dz = \frac{z^2}{8} + \frac{a^2}{2}\log z - \frac{a^4}{8z^2} + C$$

これらの z に x の値を入れると $z = x + \sqrt{x^2 + a^2}$ であり，かつ

$$\frac{z^2}{8} - \frac{a^4}{8z^2} = \frac{(z^2 + a^2)(z^2 - a^2)}{8z^2} = \frac{4x\left(x\sqrt{x^2+a^2} + x^2 + a^2\right)\left(x + \sqrt{x^2+a^2}\right)}{8\left(x + \sqrt{x^2+a^2}\right)^2}$$

$$= \frac{x\sqrt{x^2+a^2}\left(x + \sqrt{x^2+a^2}\right)}{2\left(x + \sqrt{x^2+a^2}\right)} = \frac{x\sqrt{x^2+a^2}}{2}$$

となるので上式は次のようになる．

$$\int \sqrt{x^2 + a^2}\, dx = \frac{x\sqrt{x^2+a^2}}{2} + \frac{a^2}{2}\log\left(x + \sqrt{x^2+a^2}\right) + C$$

なお，以上の無理関数の積分で，変数 x を z におきかえて有理関数の積分としたが，この有理関数が簡単な形とならないことが多い．このような場合，被積分関数を三角関数の形に書き直すと，積分が簡単になることがある．一般に被積分関数に $\sqrt{a^2 - x^2}$ をふくむものは $x = a\sin\theta$ または $x = a\cos\theta$ に，$\sqrt{a^2 + x^2}$ をふくむものは $x = a\tan\theta$ に，$\sqrt{x^2 - a^2}$ をふくむものは $x = a\sec\theta$ におきかえると積分が簡単になることがある．

$\int \sqrt{a^2 - x^2}\, dx$ 　　例えば $\int \sqrt{a^2 - x^2}\, dx$ を求めるのに

$x = a\sin\theta$ とおくと $dx = a\cos\theta\, d\theta$ になり，かつ $\sqrt{a^2 - x^2} = a\sqrt{1 - \sin^2\theta} = a\cos\theta$ になって，

$$\int \sqrt{a^2 - x^2}\, dx = a^2 \int \cos^2\theta\, d\theta = \frac{a^2}{2}\int (1 + \cos 2\theta)\, d\theta$$

$$= \frac{a^2\theta}{2} + \frac{a^2 \sin 2\theta}{4} + C = \frac{a^2}{2}\sin^{-1}\frac{x}{a} + \frac{x}{2}\sqrt{a^2 - x^2} + C$$

ただし，$\dfrac{a^2 \sin 2\theta}{4} = \dfrac{a^2 \cdot 2\sin\theta\cos\theta}{4} = \dfrac{a^2}{2} \cdot \dfrac{x}{a} \dfrac{\sqrt{a^2 - x^2}}{a} = \dfrac{x}{2}\sqrt{a^2 - x^2}$

もっとも平方根をもつ2次整式そのものを三角関数で表すことができる．すなわち，$u = \sqrt{ax^2 + bx + c}$ とし，これを次のように書きかえる．

$$u = \sqrt{a\left(x + \frac{b}{2a}\right)^2 + \frac{4ac - b^2}{4a}}$$

$$= \sqrt{\frac{4ac - b^2}{4a}}\left[1 - \left\{\frac{2a}{\sqrt{b^2 - 4ac}}\left(x + \frac{b}{2a}\right)\right\}^2\right]^{\frac{1}{2}}$$

ここで，$\dfrac{2a}{\sqrt{b^2 - 4ac}}\left(x + \dfrac{b}{2a}\right) = \sin\theta$, 　$x = \dfrac{\sqrt{b^2 - 4ac}}{2a}\sin\theta - \dfrac{b}{2a}$

$$u = \sqrt{\frac{4ac - b^2}{4a}}\cos\theta, \quad dx = \frac{\sqrt{b^2 - 4ac}}{2a}\cos\theta\, d\theta$$

2 不定積分の計算法

となるので，下式によって積分が求められる．

$$\int f(x,\sqrt{ax^2+bx+c})dx = \int f\left(\sin\theta, \frac{\sqrt{-1}(b^2-4ac)}{4a\sqrt{a}}\cos^2\theta\right)d\theta \tag{2.22}$$

(3) 平方根内が2次以上の整式の場合

楕円関数
超楕円関数

平方根内が2次以上の整式となるときは，積分は初等関数の範囲内では求められず楕円関数または超楕円関数になるが，まれにはその条件によって初等関数として求められることもある．例えば平方根内の両端より数えて同番目の係数の相等しい4次式，すなわち

$$u = \sqrt{ax^4+bx^3+cx^2+bx+a}$$

の形をとるとき $x+\dfrac{1}{x}=z$ または $x-\dfrac{1}{x}=z$ とおき，$b=0$ の場合は $x^2+\dfrac{1}{x^2}=z$ または $x^2-\dfrac{1}{x^2}=z$ とおくことによって初等関数として積分できる場合もある．

例えば $\displaystyle\int \frac{(x^4-1)}{x^2\sqrt{x^4+x^2+1}}dx$ を求めるのに

$x>0$ として，$x^2+\dfrac{1}{x^2}=z$ とおくと，これを微分して $2\left(x-\dfrac{1}{x^3}\right)dx=dz$ となり，被積分関数の分母子を x^3 で除して，以上の関係を代入すると

$$\int \frac{\left(x-\dfrac{1}{x^3}\right)dx}{\sqrt{x^2+1+\dfrac{1}{x^2}}} = \int \frac{1}{2\sqrt{z+1}}dz = \sqrt{z+1}+C$$

$$= \sqrt{x^2+\frac{1}{x^2}+1}+C = \frac{\sqrt{x^4+x^2+1}}{x}+C$$

というように求められる．

【4】超越関数の不定積分法

超越関数

超越関数のすべてに通ずる一般的な積分法はないが，それぞれの場合の代表的な手法として用いられるものについて説明しよう．

(1) 指数関数の不定積分法

指数関数

指数関数 ε^x をふくむ整式の積分では $\varepsilon^x=z$ とおいて有理整式化して積分を行う．すなわち

$\displaystyle\int f(\varepsilon^x)dx$ で $\varepsilon^x=z$ とおくと，

$x=\log z$ となり，この両辺を x について微分すると，

$1 = \dfrac{1}{z}\dfrac{dz}{dx}$ となり $dx = \dfrac{1}{z}dz$ になるので

$$\int f(\varepsilon^x)dx = \int f(z)\frac{1}{z}dz \tag{2.23}$$

2·6 代数関数，超越関数の不定積分法

として求められる．また，

$$\int f(\varepsilon^x)\varepsilon^x dx \quad \text{で } \varepsilon^x = z \text{ とおくと}$$

この両辺をxについて微分して $\varepsilon^x = \dfrac{dz}{dx} \varepsilon^x dx = dz$ となるので

$$\int f(\varepsilon^x)\varepsilon^x dx = \int f(z)dz \tag{2·24}$$

というようになる．

$\int \dfrac{1}{a+b\varepsilon^x}dx$ 　　例えば，$\int \dfrac{1}{a+b\varepsilon^x}dx$ を求めるのに，

$\varepsilon^x = z$ とおくと，(2·23) 式のように，$x = \log z$, $dx = \dfrac{1}{z}dz$ になるので

$$\int \frac{1}{a+b\varepsilon^x}dx = \int \frac{1}{(a+bz)z}dz = \frac{1}{a}\int\left(\frac{1}{z} - \frac{b}{a+bz}\right)dz$$

$$= \frac{1}{a}\{\log z - \log(a+bz)\} + C$$

$$= \frac{1}{a}\{x - \log(a+b\varepsilon^x)\} + C$$

ただし，上記の部分分数は

$$\frac{1}{(a+bz)z} = \frac{A}{z} + \frac{B}{a+bz} = \frac{A(a+bz)+Bz}{(a+bz)z}$$

$$1 = A(a+bz) + Bz$$

ここで $z=0$ とすると $A = \dfrac{1}{a}$ になり，$z=1$ とおくと，$B = 1-(a+b)A = -\dfrac{b}{a}$ となって上記のような部分分数になる．なお，$\log z = \log \varepsilon^x = u$ とおくと，$\varepsilon^x = \varepsilon^u$, $u = x$ になる．

(2) 対数関数の不定積分法

対数関数　　対数関数 $\log x$ をふくむ整式の積分も指数関数の場合と同様に，$\log x = z$ とおいて有理整式化して積分する．すなわち，

$$\int f(\log x)dx \quad \text{で} \quad \log x = z \text{ とおくと}$$

$x = \varepsilon^z$ になるので，この両辺をxについて微分すると，$1 = \varepsilon^z \dfrac{dz}{dx} \; dx = \varepsilon^z dz$, になるので

$$\int f(\log x)dx = \int f(z)\varepsilon^z dz \tag{2·25}$$

として積分が求められる．

$\int (\log x)^2 dx$ 　　例えば $\int (\log x)^2 dx$ を求めるのに，

$\log x = z$ とおくと $x = \varepsilon^z$ であって $dx = \varepsilon^z dz$ となるので，

$$\int (\log x)^2 dx = \int z^2 \varepsilon^z dz = \varepsilon^z z^2 - \int \varepsilon^z \cdot 2z dz$$

$$= \varepsilon^z z^2 - \left(2z\varepsilon^z - \int 2\varepsilon^z dz\right)$$

$$= \varepsilon^z z^2 - 2z\varepsilon^z + 2\varepsilon^z + C$$

$$= x\{(\log x)^2 - 2\log x + 2\} + C$$

ただし，最初の部分積分では $z^2 = f(z)$, $\varepsilon^z = g'(z)$ とし，次の部分積分では $2z = f(z)$, $\varepsilon^z = g'(z)$ とおいて計算した．

三角関数
逆三角関数

(3) 三角関数，逆三角関数の不定積分法

三角関数の積や累乗の形を三角関数の和の形にして積分を行う場合については既に説明したように，例えば倍角の公式を用いて

$$\int \sin^2\theta \, d\theta = \frac{1}{2}\int (1 - \cos 2\theta) d\theta = \frac{1}{2}\left(\theta - \frac{1}{2}\sin 2\theta\right) + C$$

同様に $\int \cos^2\theta \, d\theta = \frac{1}{2}\left(\theta - \frac{1}{2}\sin 2\theta\right) + C$ というようにして積分する．

また，三角関数の有理関数は $\tan x = z$ または $\tan\frac{x}{2} = z$ とおいて積分する．
すなわち，

$$\int f(\sin x, \cos x) dx \quad \text{で} \quad \tan\frac{x}{2} = z \text{ とおく．}$$

この両辺を x について微分すると

$$\frac{1}{2}\sec^2\frac{x}{2} = \frac{dz}{dx}, \quad dx = \frac{2}{1+z^2}dz$$

ただし，$dx = \dfrac{2}{\sec^2\frac{x}{2}}dz = 2\cos^2\frac{x}{2}dz = \dfrac{2}{1+\tan^2\frac{x}{2}}dz = \dfrac{2}{1+z^2}dz$

また，三角関数の倍角の公式

$$\sin 2\alpha = 2\sin\alpha\cos\alpha = \frac{2\tan\alpha}{1+\tan^2\alpha}$$

$$\cos 2\alpha = \cos^2\alpha - \sin^2\alpha = \frac{1-\tan^2\alpha}{1+\tan^2\alpha}$$

を用いると

$$\sin x = \sin 2\left(\frac{x}{2}\right) = \frac{2\tan\frac{x}{2}}{1+\tan^2\frac{x}{2}} = \frac{2z}{1+z^2}$$

$$\cos x = \cos 2\left(\frac{x}{2}\right) = \frac{1-\tan^2\frac{x}{2}}{1+\tan^2\frac{x}{2}} = \frac{1-z^2}{1+z^2}$$

となるので

$$\int f(\sin x, \cos x) dx = \int f\left\{\left(\frac{2z}{1+z^2}, \frac{1-z^2}{1+z^2}\right)\frac{2}{1+z^2}\right\} dz \tag{2·26}$$

によって求められる．なお，$\sin^2 x = 1 - \cos^2 x$ の関係を用いて $\sin x$ の偶数乗は $\cos^2 x$ の多項式に ―― 後記の例2を参照 ――，また，その奇数乗（$\cos^2 x$ の多項式 × $\sin x$）の形に直すことができる．さらに，$f(\sin x, \cos x)$ において $\sin x = \cos x \tan x$ の関係

2·6 代数関数，超越関数の不定積分法

$\int f(\tan x)dx$

を代入すると $\cos x$ の項が消えて $\tan x$ のみの式に直すことのできることもある．この場合は

$\int f(\tan x)dx$ で $\tan x = z$ とおくと，

この両辺を x について微分すると，$\sec^2 x = \dfrac{dz}{dx}$ となり

$$dx = \frac{1}{\sec^2 x}dz = \cos^2 x\,dz = \frac{1}{1+\tan^2 x}dz = \frac{1}{1+z^2}dz$$

となるので

$$\int f(\tan x)dx = \int \frac{f(z)}{1+z^2}dz \tag{2·27}$$

によって有理関数の積分として求められる．

$\int \dfrac{\sin x}{1+\sin x}dx$

例えば $\int \dfrac{\sin x}{1+\sin x}dx$ を求めるのに，

$\tan \dfrac{x}{2} = z$ とおくと，$(2·26)$ 式より明らかなように

$$dx = \frac{2}{1+z^2}dz, \quad \sin x = \frac{2z}{1+z^2} \text{ となり,}$$

$$\int \frac{\sin x}{1+\sin x}dx = \int \frac{\dfrac{2z}{1+z^2}}{1+\dfrac{2z}{1+z^2}} \cdot \frac{2}{1+z^2}dz = 4\int \left\{\frac{z}{(1+z^2)(1+2z+z^2)}\right\}dz$$

$$= 4\int \frac{z}{(1+z^2)(1+z)^2}dz = 2\int \left(\frac{1}{1+z^2} - \frac{1}{(1+z)^2}\right)dz$$

$$= 2\left(\tan^{-1} z + \frac{1}{1+z}\right) + C = x + \frac{2}{1+\tan\dfrac{x}{2}} + C$$

ただし，$\dfrac{z}{(1+z^2)(1+z)^2} = \dfrac{A}{1+z^2} + \dfrac{B}{(1+z)^2}$ とおくと，

$z = A(1+z)^2 + B(1+z^2)$ となり

$z = -1$ とおくと $B = -\dfrac{1}{2}$，$z = 0$ とおくと $A + B = 0$，$A = -B = \dfrac{1}{2}$

となって，上記のような部分分数になる．

なお $\dfrac{d}{dx}\tan^{-1} x = \dfrac{1}{1+x^2}$，$\int \dfrac{1}{1+x^2}dx = \tan^{-1} x$ であって，

$2\tan^{-1} x = 2\tan^{-1}\left(\tan\dfrac{x}{2}\right) = 2 \times \dfrac{x}{2} = x$ となる．

逆三角関数

なお，逆三角関数の積分は次のように行うと三角関数の積分として行うことができる．

すなわち，

$\int f(\sin^{-1} x)dx$

$\int f(\sin^{-1} x)dx$ で $\sin^{-1} x = z$ とおくと

$x = \sin z$ となり，その両辺を x について微分すると，

−33−

2 不定積分の計算法

$1 = \cos z \dfrac{dz}{dx}$, $dx = \cos z\, dz$ となるので

$$\int f(\sin^{-1} x)\, dx = \int f(z) \cos z\, dz \tag{2·28}$$

となる．同様に

$\int f(\cos^{-1} x) dx$ 　　$\int f(\cos^{-1} x)\, dx$ で $\cos^{-1} x = z$ とおくと

$x = \cos z$ となり，その両辺を x について微分すると $1 = -\sin z \dfrac{dz}{dx}$, $dx = -\sin z\, dz$ となるので

$$\int f(\cos^{-1} x)\, dx = \int f(z)(-\sin z)\, dz \tag{2·29}$$

$\int f(\tan^{-1} x) dx$ 　　さらに，$\int f(\tan^{-1} x)\, dx$ で $\tan^{-1} x = z$ とおくと $x = \tan z$ となり，その両辺を x について微分すると $1 = \sec^2 z \dfrac{dz}{dx}$, $dx = \sec^2 z\, dz$ となるので，

$$\int f(\tan^{-1} x)\, dx = \int f(z) \sec^2 z\, dz \tag{2·30}$$

というようになる．なお，2·5によって三角関数の積分に転化することもできる．次に例題をかかげて，本節の重要な点をさらに補習することにしよう．

〔例1〕 $\displaystyle\int \dfrac{4x^2 + 2x}{x^3 + 2x^2 - x - 2}\, dx$ を求める．

この分母を因数分解すると $(x-1)(x+1)(x+2)$ となるので，

$$\dfrac{4x^2 + 2x}{x^3 + 2x^2 - x - 2} = \dfrac{A}{x-1} + \dfrac{B}{x+1} + \dfrac{C}{x+2} \quad \text{とおくと}$$

$$4x^2 + 2x = A(x+1)(x+2) + B(x-1)(x+2) + C(x-1)(x+1)$$

となり，$x=1$ とおくと $A=1$ となり，$x=-1$ とおくと $B=-1$, $x=0$ とおくと $C = 2(A-B) = 4$ となり，

$$\int \dfrac{4x^2 + 2x}{x^3 + 2x^2 - x - 2}\, dx = \int \left(\dfrac{1}{x-1} - \dfrac{1}{x+1} + \dfrac{4}{x+2} \right) dx$$
$$= \log \dfrac{x-1}{x+1} + 4\log(x+2) + C$$

〔例2〕 $\displaystyle\int \dfrac{1}{\{(x-a)^2 + b^2\}^2}\, dx$ を求める．

いま，$x - a = b \tan\theta$ とおき，この両辺を x について微分すると

$1 = b\sec^2\theta \dfrac{d\theta}{dx}$ となり，$dx = b\sec^2\theta\, d\theta$ となるので

$$\int \dfrac{1}{\{(x-a)^2 + b^2\}^2}\, dx = \int \dfrac{b\sec^2\theta\, d\theta}{b^4(1 + \tan^2\theta)^2} = \dfrac{1}{b^3} \int \cos^2\theta\, d\theta$$

2·6 代数関数，超越関数の不定積分法

$$= \frac{1}{2b^3}\left(\theta + \frac{1}{2}\sin 2\theta\right) + C$$

$$= \frac{1}{2b^3}\left(\tan^{-1}\frac{x-a}{b} + \frac{b(x-a)}{(x-a)^2 + b^2}\right) + C$$

ただし，$\theta = \tan^{-1}\dfrac{x-a}{b}$，$\sin 2\theta = \dfrac{2\tan\theta}{1+\tan^2\theta} = \dfrac{2b(x-a)}{(x-a)^2+b^2}$

本例で $a=0$ とおくと次式が成り立つ．

$$\int \frac{1}{(x^2+b^2)^2}dx = \frac{1}{2b^2}\left(\frac{x}{x^2+b^2} + \frac{1}{b}\tan^{-1}\frac{x}{b}\right) + C$$

一般的に有理関数の積分は部分分数を利用することが多いが，時としては本例のように三角関数に置換すると有利なこともある．なお，本例の形が

$\displaystyle\int \frac{x-a}{\{(x-a)^2+b^2\}^2}dx$ のときは $(x-a)^2 = z$ とおき，その両辺を x について微分すると $2(x-a) = \dfrac{dz}{dx}$ となり，$dx = \dfrac{1}{2(x-a)}dz$ となるので

$$\int \frac{x-a}{\{(x-a)^2+b^2\}^2}dx = \frac{1}{2}\int\frac{1}{(z+b^2)^2}dz = -\frac{1}{2(z+b^2)} + C$$

$$= -\frac{1}{2\{(x-a)^2+b^2\}} + C$$

となって，この場合は $(x-a)^2 = z$ とおく方が積分が簡単になる．

このように積分で変数を置換するときは，どういう形におくとより簡単になるかを慎重に考えねばならない．これは大切なことだから，いま，1例をあげる．例えば

$\displaystyle\int \frac{x^4}{\sqrt{(1-x^2)^3}}dx$ で $\sqrt{1-x^2} = 1+xz$ とおくと $-32\displaystyle\int\frac{z^4}{(1+z^2)^3(1-z^2)^2}dz$

$\sqrt{\dfrac{1-x}{1+x}} = z$ とおくと $-\dfrac{1}{2}\displaystyle\int\frac{(1-z^2)^4}{z^2(1+z^2)^3}dz$

となり，いずれも簡単に積分できないが $x = \sin\theta$ とおくと $dx = \cos\theta\,d\theta$ となり

$$\int \frac{x^4}{\sqrt{(1-x^2)^3}}dx = \int\frac{\sin^4\theta\cos\theta}{\cos^3\theta}d\theta = \int\frac{\sin^4\theta}{\cos^2\theta}d\theta = \int\frac{(1-\cos^2\theta)^2}{\cos^2\theta}d\theta$$

$$= \int\sec^2\theta\,d\theta - 2\int d\theta + \int\cos^2\theta\,d\theta = \tan\theta - 2\theta + \frac{1}{2}\left(\theta + \frac{1}{2}\sin 2\theta\right) + C$$

$$= \tan\theta - \frac{3}{2}\theta + \frac{1}{4}\sin 2\theta + C = \frac{x(3-x^2)}{2\sqrt{1-x^2}} - \frac{3}{2}\sin^{-1}x + C$$

というように簡単に積分ができる．

〔例3〕 $\displaystyle\int \frac{1}{\sqrt{(x-a)(b-x)}}dx$ を求める．ただし $a>0$，$b>0$

$\sqrt{\dfrac{x-a}{b-x}} = z$ とおくと $x = \dfrac{a+bz^2}{1+z^2}$, $dx = \dfrac{2(b-a)z}{(1+z^2)^2}dz$

また $\sqrt{(x-a)(b-x)} = (b-x)\sqrt{\dfrac{x-a}{b-x}} = \left(b - \dfrac{a+bz^2}{1+z^2}\right)z = \dfrac{(b-a)z}{1+z^2}$

となるので求める積分は，

$$\int \dfrac{1}{\sqrt{(x-a)(b-x)}} dx = \int \dfrac{1}{\dfrac{(b-a)z}{1+z^2}} \cdot \dfrac{2(b-a)z}{(1+z^2)^2} dz = 2\int \dfrac{1}{1+z^2} dz$$

$$= 2\tan^{-1} z + C = 2\tan^{-1}\sqrt{\dfrac{x-a}{b-x}} + C$$

ただし，$\dfrac{d}{dx}\tan^{-1} x = \dfrac{1}{1+x^2}$, $\displaystyle\int \dfrac{1}{1+x^2} dx = \tan^{-1} x$

$\displaystyle\int \dfrac{1}{\sqrt{x^2+a}} dx$

〔例4〕 $\displaystyle\int \dfrac{1}{\sqrt{x^2+a}} dx$ を求める．

$\sqrt{x^2+a} = z - x$ とおくと，$x = \dfrac{z^2-a}{2z} = \dfrac{1}{2}\left(z - \dfrac{a}{z}\right)$

この両辺を微分して，$1 = \dfrac{1}{2}\left(1 + \dfrac{a}{z^2}\right)\dfrac{dz}{dx}$, $dx = \dfrac{1}{2}\left(1 + \dfrac{a}{z^2}\right)dz$

また $\sqrt{x^2+a} = z - \dfrac{1}{2}\left(z - \dfrac{a}{z}\right) = \dfrac{1}{2}\left(z + \dfrac{a}{z}\right)$

$\therefore \displaystyle\int \dfrac{1}{\sqrt{x^2+a}} dx = \int \dfrac{1}{\dfrac{1}{2}\left(z + \dfrac{a}{z}\right)} \cdot \dfrac{1}{2}\left(1 + \dfrac{a}{z^2}\right) dz = \int \dfrac{1 + \dfrac{a}{z^2}}{z\left(1 + \dfrac{a}{z^2}\right)} dz$

$$= \int \dfrac{1}{z} dz = \log z + C = \log\left(x + \sqrt{x^2+a}\right) + C$$

〔例5〕 $I = \displaystyle\int \dfrac{1}{a + b\cos x + c\sin x} dx$ を求める．

(2・26)式のところで説明したように，$\tan\dfrac{x}{2} = z$ とおくと

$dx = \dfrac{2}{1+z^2} dz$, $\cos x = \dfrac{1-z^2}{1+z^2}$, $\sin x = \dfrac{2z}{1+z^2}$

となるので被積分関数は

$$\dfrac{dx}{a + b\cos x + c\sin x} = \dfrac{\dfrac{2}{1+z^2} dz}{a + b\dfrac{1-z^2}{1+z^2} + c\dfrac{2z}{1+z^2}} = \dfrac{2dz}{(a-b)z^2 + 2cz + (a+b)}$$

ここで $a = b$ であると，

$$I = \int \dfrac{2}{2cz + 2a} dz = \dfrac{1}{c}\log(cz+a) = \dfrac{1}{c}\log\left(c\tan\dfrac{x}{2} + a\right) + k$$

2・6 代数関数，超越関数の不定積分法

ただし，kはこの場合の積分定数である．

また，$a \neq b$の一般の場合は

$$I = \int \frac{2dz}{(a-b)\left[\left\{z^2 + \frac{2cz}{a-b} + \left(\frac{c}{a-b}\right)^2\right\} - \left(\frac{c}{a-b}\right)^2 + \frac{(a+b)(a-b)}{(a-b)^2}\right]}$$

$$= \frac{2}{a-b} \int \frac{1}{\left(z + \frac{c}{a-b}\right)^2 + \left\{\frac{\sqrt{a^2-b^2-c^2}}{a-b}\right\}^2} dz$$

となって，この積分は次の三つの場合に分かれる．

(1) $a^2 > b^2 + c^2$ の場合；

ここで $\int \frac{1}{a^2 + x^2} dx = \frac{1}{a} \tan^{-1} \frac{x}{a}$ となることから

$$I = \frac{2}{a-b} \cdot \frac{a-b}{\sqrt{a^2-b^2-c^2}} \tan^{-1} \frac{z + \frac{c}{a-b}}{\frac{\sqrt{a^2-b^2-c^2}}{a-b}}$$

$$= \frac{2}{\sqrt{a^2-b^2-c^2}} \tan^{-1} \frac{(a-b)\tan\frac{x}{2} + c}{\sqrt{a^2-b^2-c^2}} + k$$

上記で $\int \frac{1}{1+x^2} dx = \tan^{-1} x$ であったので

$$\int \frac{1}{a^2 + x^2} dx = \int \frac{1}{a^2\left\{1 + \left(\frac{x}{a}\right)^2\right\}} dx = \frac{1}{a^2} \int \frac{a}{1+z^2} dz$$

$$= \frac{a}{a^2} \tan^{-1} z = \frac{1}{a} \tan^{-1} \frac{x}{a}$$

ただし，$\frac{x}{a} = z$ とおくと $\frac{dz}{dx} = \frac{1}{a}$，$dx = adz$である．

(2) $a^2 < b^2 + c^2$ の場合；

ここで $\int \frac{1}{x^2 - a^2} dx = \frac{1}{2a} \log \frac{x-a}{x+a}$ となることから

$$I = \frac{2}{a-b} \cdot \frac{1}{\frac{2\sqrt{b^2+c^2-a^2}}{a-b}} \log \frac{z + \frac{c}{a-b} - \frac{\sqrt{b^2+c^2-a^2}}{a-b}}{z + \frac{c}{a-b} + \frac{\sqrt{b^2+c^2-a^2}}{a-b}}$$

$$= \frac{1}{\sqrt{b^2+c^2-a^2}} \log \frac{(a-b)\tan\frac{x}{2} + c - \sqrt{b^2+c^2-a^2}}{(a-b)\tan\frac{x}{2} + c + \sqrt{b^2+c^2-a^2}} + k$$

上記で $\int \frac{1}{x^2 - a^2} dx = \frac{1}{2a}\left\{\int \frac{1}{x-a}dx - \int \frac{1}{x+a}dx\right\}$

$$= \frac{1}{2a}\{\log(x-a) - \log(x+a)\} = \frac{1}{2a} \log \frac{x-a}{x+a}$$

ただし $\dfrac{1}{x^2-a^2}=\dfrac{A}{x-a}+\dfrac{B}{x+a}$ とおくと,

$1=A(x+a)+B(x-a)$ となり, $x=a$ とおくと $A=\dfrac{1}{2a}$, $x=-a$ とおくと $B=-\dfrac{1}{2a}$ となる.

同様にして $\displaystyle\int\dfrac{1}{a^2-x^2}dx=\dfrac{1}{2a}\log\dfrac{a+x}{a-x}$ がえられる.

(3) $a^2=b^2+c^2$ の場合;

$$I=\dfrac{2}{a-b}\int\dfrac{1}{\left(z+\dfrac{c}{a-b}\right)^2}dz=\dfrac{2}{a-b}\cdot\dfrac{-1}{z+\dfrac{c}{a-b}}$$

$$=\dfrac{2}{(b-a)z-c}=\dfrac{2}{(b-a)\tan\dfrac{x}{2}-c}+k$$

上記で, $\displaystyle\int\dfrac{1}{(x+a)^2}dx=\int\dfrac{1}{z^2}dz=\dfrac{1}{-2+1}z^{-2+1}=-\dfrac{1}{z}$

ただし, $x+a=z$ とおくと $\dfrac{dz}{dx}=1$, $dx=dz$ である.

注： 一般に不定積分には必ず積分定数がつくという前提のもとに積分定数を省略するが, 後で微分方程式を解くときに万が一にもこれを忘れて初期条件を入れるととんでもないことになるので, 積分定数を忘れないように以上ではなるべく省かないようにした. また, 微分では $\dfrac{d}{dx}f(x)$ と書いて $f(x)$ を x について微分することを表したが, これと同じ意味で $\dfrac{df(x)}{dx}$ とも記した. しかし, この場合は $\dfrac{df(x)}{dx}=\dfrac{dy}{dx}$ という微分商という意義もあった.

これに対し積分を $\int(x)dx$ と記したとき $f(x)$ を x について積分するということであり, また微分 $f(x)\times dx$ を積分することも意味している. あるいは $\displaystyle\int\dfrac{1}{g(x)}dx$ も $\dfrac{1}{g(x)}$ を x について積分する意味であり, これを $\displaystyle\int\dfrac{dx}{g(x)}$ と記して同じ意味とすることもあるが, この分数自体には何の意義もなく, 微分 $\left\{\dfrac{1}{g(x)}\times dx\right\}$ を積分するということからも $\displaystyle\int\dfrac{1}{g(x)}dx$ と記す方が意義があるので, 上記では主として, この表し方を用いた.

3 基本関数の不定積分

次に，いささか工夫を加えて基本関数の不定積分の公式を記すが，そのことごとくの場合をあげることは紙数が許さないので，ごく基本的なものにかぎった．これらの不定積分の公式の一部は既に示したが，活用の便を計るために以下にまとめてかかげることにした．

なお，これらの公式で右辺を微分すると左辺の被積分関数になることを確かめ，既述した積分の諸手法を用いてこれらの公式を導出してみられよ．これは積分の計算手法を会得するよい演習になる．

3·1 基本有理関数の不定積分

$$\int k\,dx = kx + C \tag{3·1}$$

$$\int ax^n dx = \frac{a}{n+1}x^{n+1} + C \quad \text{ただし} \quad n \neq -1 \tag{3·2}$$

$$\int \frac{1}{ax}\,dx = \frac{1}{a}\log x + C \tag{3·3}$$

$$\int \frac{1}{bx^n}\,dx = \frac{1}{b(-n+1)} \cdot \frac{1}{x^{n+1}} + C \quad \text{ただし} \quad n > 1 \tag{3·4}$$

$$\int (ax+b)^n dx = \frac{1}{a^{n+1}}(ax+b)^{n+1} + C \quad \text{ただし} \quad n \neq -1 \tag{3·5}$$

$$\int \frac{1}{ax+b}\,dx = \frac{1}{a}\log(ax+b) + C \tag{3·6}$$

$$\int \frac{1}{(ax+b)^n}\,dx = \frac{1}{a(-n+1)} \cdot \frac{1}{(ax+b)^{n-1}} + C \quad \text{ただし} \quad n > 1 \tag{3·7}$$

$$\int \frac{1}{a^2+x^2}\,dx = \frac{1}{a}\tan^{-1}\frac{x}{a} + C \tag{3·8}$$

$$\int \frac{1}{a^2-x^2}\,dx = \frac{1}{2a}\log\left(\frac{a+x}{a-x}\right) + C \tag{3·9}$$

$$\int \frac{1}{x^2-a^2}\,dx = \frac{1}{2a}\log\left(\frac{x-a}{x+a}\right) + C \tag{3·10}$$

$$\int \frac{1}{(x-a)(x-b)} dx = \frac{1}{a-b} \log\left(\frac{x-a}{x-b}\right) + C \tag{3·11}$$

$$\int \frac{1}{ax^2+bx} dx = \frac{1}{b} \log\left(\frac{x}{ax+b}\right) + C \tag{3·12}$$

$$\int \frac{1}{a+bx^2} dx = \frac{1}{\sqrt{ab}} \tan^{-1} \sqrt{\frac{b}{a}} + C \tag{3·13}$$

$$\int \frac{1}{(a^2+x^2)^2} dx = \frac{1}{2a^2}\left(\frac{x}{a^2+x^2} + \frac{1}{a}\tan^{-1}\frac{x}{a}\right) + C \tag{3·14}$$

$$\int \frac{x}{(a^2+x^2)^2} dx = -\frac{1}{2(a^2+x^2)} + C \tag{3·15}$$

$$\int \frac{x}{a^2+x^2} dx = \frac{1}{2} \log(a^2+x^2) + C \tag{3·16}$$

$$\int \frac{x}{ax^2+bx+c} dx = \frac{1}{\sqrt{b^2-4ac}} \log \frac{b+2ax-\sqrt{b^2-4ac}}{b+2ax+\sqrt{b^2-4ac}} + C \tag{3·17}$$

ただし，$(b^2-4ac)>0$ の場合

$$= -\frac{2}{b+2ax} + C \tag{3·18}$$

ただし，$b^2-4ac=0$ の場合

$$= \frac{2}{\sqrt{4ac-b^2}} \tan^{-1} \frac{b+2ax}{\sqrt{4ac-b^2}} + C \tag{3·19}$$

ただし，$(b^2-4ac)<0$ の場合

3・2 基本無理関数の不定積分

$$\int ax^{\frac{1}{n}} dx = \frac{an}{1+n} x^{\frac{n+1}{n}} + C \quad \text{ただし，} n>0 \tag{3·20}$$

$$\int \sqrt[n]{ax+b}\, dx = \frac{n}{a(n+1)}(ax+b)^{\frac{n+1}{n}} + C \quad \text{ただし，} n>0 \tag{3·21}$$

(3·5)式で $n=\frac{1}{m}$ とおいて計算し，この m を n におきかえるとこの式になる．

$$\int \frac{1}{\sqrt[n]{ax+b}} dx = \frac{n}{a(n-1)}(ax+b)^{\frac{n-1}{n}} + C \tag{3·22}$$

前式で n を $-n$ とおくとこの式になる．

$$\int \sqrt{\frac{x+a}{x+b}}\, dx = \sqrt{(x+a)(x+b)} + (a-b)\log\left(\sqrt{x+a}+\sqrt{x+b}\right) + C \tag{3·23}$$

3·2 基本無理関数の不定積分

$$\int \sqrt{x^2 \pm a^2}\, dx = \frac{1}{2}\left\{x\sqrt{x^2 \pm a^2} \pm a^2 \log\left(x + \sqrt{x^2 \pm a^2}\right)\right\} + C \tag{3·24}$$

$$\int \sqrt{a^2 - x^2}\, dx = \frac{1}{2}\left\{x\sqrt{a^2 - x^2} + a^2 \sin^{-1}\frac{x}{a}\right\} + C \tag{3·25}$$

$$\int x\sqrt{x^2 \pm a^2}\, dx = \frac{1}{3}\sqrt{(x^2 \pm a^2)^3} + C \tag{3·26}$$

$$\int x\sqrt{a^2 - x^2}\, dx = -\frac{1}{3}\sqrt{(a^2 - x^2)^3} + C \tag{3·27}$$

$$\int x\sqrt{ax^2 + b}\, dx = \frac{1}{3a}\sqrt{(ax^2 + b)^3} + C \tag{3·28}$$

$$\int \frac{1}{\sqrt{x^2 \pm a^2}}\, dx = \log\left(x + \sqrt{x^2 \pm a^2}\right) + C \tag{3·29}$$

$$\int \frac{1}{\sqrt{a^2 - x^2}}\, dx = \sin^{-1}\frac{x}{a} + C \tag{3·30}$$

$$\int \frac{x}{\sqrt{x^2 \pm a^2}}\, dx = \sqrt{x^2 \pm a^2} + C \tag{3·31}$$

$$\int \frac{x}{\sqrt{a^2 \pm x^2}}\, dx = \pm\sqrt{a^2 \pm x^2} + C \tag{3·32}$$

$$\int \frac{\sqrt{a^2 \pm x^2}}{x}\, dx = \sqrt{a^2 \pm x^2} - a\log\frac{a + \sqrt{a^2 \pm x^2}}{x} + C \tag{3·33}$$

$$\int \frac{\sqrt{x^2 - a^2}}{x}\, dx = \sqrt{x^2 - a^2} - a\cos^{-1}\frac{a}{x} + C \tag{3·34}$$

$$\int \frac{1}{x\sqrt{a^2 \pm x^2}}\, dx = -\frac{1}{a}\log\frac{a + \sqrt{a^2 \pm x^2}}{x} + C \tag{3·35}$$

$$\int \frac{1}{x\sqrt{x^2 - a^2}}\, dx = \frac{1}{a}\cos^{-1}\frac{a}{x} + C \tag{3·36}$$

$$\int \frac{1}{x\sqrt{ax + b}}\, dx = \frac{1}{b}\log\frac{\sqrt{ax + b} - \sqrt{b}}{\sqrt{ax + b} + \sqrt{b}} + C \tag{3·37}$$

ただし，$b > 0$ の場合

$$= \frac{2}{\sqrt{-b}}\tan^{-1}\sqrt{\frac{ax + b}{-b}} + C \tag{3·38}$$

ただし，$b < 0$ の場合

$$\int \frac{1}{\sqrt{(x - a)(x - b)}}\, dx = 2\log\left(\sqrt{x - a} + \sqrt{x - b}\right) + C \tag{3·39}$$

3·3　基本指数，対数関数の不定積分

$$\int \varepsilon^{ax+b} dx = \frac{1}{a}\varepsilon^{ax+b} + C \tag{3·40}$$

$$\int a^{\alpha x} dx = \frac{\varepsilon^{\alpha x}}{\alpha \log a} + C \tag{3·41}$$

$$\int \log x \, dx = x(\log x - 1) + C \tag{3·42}$$

$$\int \log_a x \, dx = \frac{1}{\log a} \cdot x(\log x - 1) + C \tag{3·43}$$

$$\int x\varepsilon^{\alpha x} dx = \frac{\varepsilon^{\alpha x}}{\alpha^2}(\alpha x - 1) + C \tag{3·44}$$

$$\int \frac{1}{1+\varepsilon^x} dx = \log \frac{\varepsilon^x}{1+\varepsilon^x} + C \tag{3·45}$$

$$\int \frac{1}{a+b\varepsilon^{\alpha x}} dx = \frac{1}{a\alpha}\left\{\alpha x - \log(a+b\varepsilon^{\alpha x})\right\} + C \tag{3·46}$$

$$\int \varepsilon^{\alpha x} \sin \beta x \, dx = \frac{\varepsilon^{\alpha x}}{\alpha^2 + \beta^2}(\alpha \sin \beta x - \beta \cos \beta x) + C \tag{3·47}$$

$$\int \varepsilon^{\alpha x} \cos \beta x \, dx = \frac{\varepsilon^{\alpha x}}{\alpha^2 + \beta^2}(\alpha \cos \beta x + \beta \sin \beta x) + C \tag{3·48}$$

$$\int \log(a^2 + x^2) dx = x\log(a^2 + x^2) - 2x + 2a\tan^{-1}\frac{x}{a} + C \tag{3·49}$$

3·4　基本三角，逆三角関数の不定積分

$$\int \sin(ax+b) dx = -\frac{1}{a}\cos(ax+b) + C \tag{3·50}$$

$$\int \cos(ax+b) dx = \frac{1}{a}\sin(ax+b) + C \tag{3·51}$$

$$\int \tan(ax+b) dx = -\frac{1}{a}\log\{\cos(ax+b)\} + C \tag{3·52}$$

$$\int \cot(ax+b) dx = \frac{1}{a}\log\{\sin(ax+b)\} + C \tag{3·53}$$

$$\int \sec(ax+b) dx = \frac{1}{a}\log\left\{\tan\left(\frac{ax+b}{2} + \frac{\pi}{4}\right)\right\} + C \tag{3·54}$$

3・4 基本三角,逆三角関数の不定積分

$$\int \mathrm{cosec}(ax+b)dx = \frac{1}{a}\log\left\{\tan\left(\frac{ax+b}{2}\right)\right\} + C \tag{3・55}$$

$$\int \sin^2(ax+b)dx = \frac{1}{a}\left\{\frac{ax+b}{2} - \frac{\sin 2(ax+b)}{4}\right\} + C \tag{3・56}$$

$$\int \cos^2(ax+b)dx = \frac{1}{a}\left\{\frac{ax+b}{2} + \frac{\sin 2(ax+b)}{4}\right\} + C \tag{3・57}$$

$$\int \sec^2(ax+b)dx = \frac{1}{a}\tan(ax+b) + C \tag{3・58}$$

$$\int \mathrm{cosec}^2(ax+b)dx = -\frac{1}{a}\cot(ax+b) + C \tag{3・59}$$

$$\int \sec(ax+b)\tan(ax+b)dx = \frac{1}{a}\sec(ax+b) + C \tag{3・60}$$

$$\int \mathrm{cosec}(ax+b)\cot(ax+b)dx = \frac{1}{a}\mathrm{cosec}(ax+b) + C \tag{3・61}$$

$$\int \sin(ax+b)\cos(ax+b)dx = \frac{1}{2a}\sin^2(ax+b) + C \tag{3・62}$$

$$\int \sin^{-1}x\, dx = x\sin^{-1}x + \sqrt{1-x^2} + C \tag{3・63}$$

$$\int \cos^{-1}x\, dx = x\cos^{-1}x - \sqrt{1-x^2} + C \tag{3・64}$$

$$\int \tan^{-1}x\, dx = x\tan^{-1}x - \frac{1}{2}\log(1+x^2) + C \tag{3・65}$$

$$\int \cot^{-1}x\, dx = x\cot^{-1}x + \frac{1}{2}\log(1+x^2) + C \tag{3・66}$$

4 積分法の応用例題

次に応用例題について解説するが，その主旨は積分法の電気工学への応用でなく，電気工学での積分の応用である．電気工学上の諸問題にどのように積分を適用するかという考え方なり取扱い方，例えば上限，下限のとり方などに習熟せねばならない．以下はそのような見地から解説する．なお，巻末の演習問題には過去において電験に出題された問題も数多くふくめておいたから解答してみられたい．

【例題 1】

単心鉛被ケーブル

図4・1に示した心線の半径 r，鉛被の内半径 R の単心鉛被ケーブルの静電容量を C，絶縁抵抗を R とすると次の関係のあることを証明せよ．

$$CR = \varepsilon_0 \varepsilon_s \rho$$

ただし，ε_0 は真空の誘電率，ε_s は絶縁物の比誘電率，ρ は絶縁物の抵抗率とする．

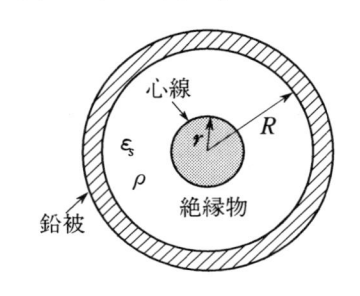

図4・1 単心ケーブル

【解 答】

図4・2に示したように，長さの l の心線に $+Q$ クーロンの電荷を与えると，静電誘導によって鉛被内面には $-Q$ クーロンの電荷を生じ，$+Q$ から $-Q$ に向って Q クーロンの誘電束 Ψ が点線のように放射状に出る．さて，ガウスの定理「電荷をふくむ

ガウスの定理

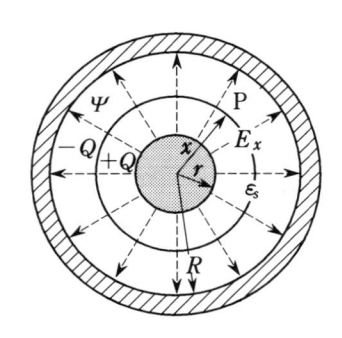

図4・2 誘電束分布

閉表面を直角に通過する全誘電束は，その閉表面に含まれた全電荷の代数和の $1/\varepsilon_0 \varepsilon_s$ に等しい」．ただし，ε_0 は真空中の誘電率 $10^7/4\pi c^2$；$c = 3 \times 10^8$〔F/m〕，ε_s は場の比誘電率より，この長さ l〔m〕の心線から出る誘電束は $\Psi = Q/\varepsilon_0 \varepsilon_s$ となり，心線から $x(R>x>r)$ なる距離での誘電束密度すなわち電界の強さ E_x は，このP点で半径 x，長さ l の円筒内面を考えると，その内面積は $2\pi x l$ になり，Ψ はこの面を直

-44-

角に通過するので，

$$E_x = \frac{\Psi}{2\pi x l} = \frac{1}{2\pi l \varepsilon_0 \varepsilon_s} \cdot \frac{Q}{x}$$

電位差V | このE_xにさからって，＋1クーロンの電荷を鉛被から心線まで運ぶ仕事が，その間の電位差Vになる．これは$(E_x \times 1 \times dx)$なる仕事を$x=r$から$x=R$まで積分したものになるので

$$V = \int_r^R E_x \, dx = \frac{Q}{2\pi l \varepsilon_0 \varepsilon_s} \int_r^R \frac{1}{x} dx = \frac{Q}{2\pi l \varepsilon_0 \varepsilon_s} \log \frac{R}{r}$$

と求められる．したがって静電容量$C = Q/V$は

$$C = \frac{Q}{V} = \frac{2\pi l \varepsilon_0 \varepsilon_s}{\log \dfrac{R}{r}} \; [\mathrm{F}]$$

同様に図4・3に示したように，心線からxなる半径で厚さdxの円筒を考えると，この円筒の内側から外側までの抵抗dRは，断面積が$2\pi x \times l$，長さがdx，抵抗率がρだから

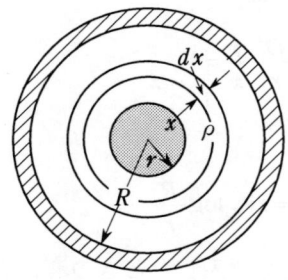

図4・3　絶縁抵抗

$$dR = \rho \times \frac{dx}{2\pi x \times l} = \frac{\rho}{2\pi l} \cdot \frac{1}{x} dx$$

絶縁抵抗 | となり，心線と鉛被間の絶縁抵抗Rは，これを$x=r$から$x=R$までを積分したものになり

$$R = \frac{\rho}{2\pi l} \int_r^R \frac{1}{x} dx = \frac{\rho}{2\pi l} \log \frac{R}{r} \; [\Omega]$$

ただし，以上での$\log$は自然対数$\log_e$で，その底数$e = 2.7182$である．

以上より，CRは

$$CR = \frac{2\pi l \varepsilon_0 \varepsilon_s}{\log \dfrac{R}{r}} \times \frac{\rho \log \dfrac{R}{r}}{2\pi l} = \varepsilon_0 \varepsilon_s \rho$$

注：　以上の単位関係でlは[m]としたが，R，rに単位を与えなかったのは，このC，Rの式ではR/rと両者が比の形になるので，同じ単位なら[m][cm][mm]の何れでも同じ結果になるからである．また，絶縁抵抗Rが[Ω]で表されるためには，抵抗率ρは長さ1m，断面積1m^{2}の抵抗で表されねばならない．これを[Ω m]と記している．

なお，平行板コンデンサでも同様で板面積をS，板間距離をdとすると$C = \varepsilon_0 \varepsilon_s S/d$，$R = \rho d/S$になるので

$$CR = \frac{\varepsilon_0 \varepsilon_s S}{d} \times \frac{\rho d}{S} = \varepsilon_0 \varepsilon_s \rho$$

と同じ関係が成立する．

4 積分法の応用例題

円筒がい管

【例題 2】
内径 R の磁器製の円筒がい管の中心に**図4・4**に示したように半径 r の導体が貫通している．いま，これに内径 a，厚さ b のガラス円筒を挿入すると絶縁耐力は増加するか減少するか．

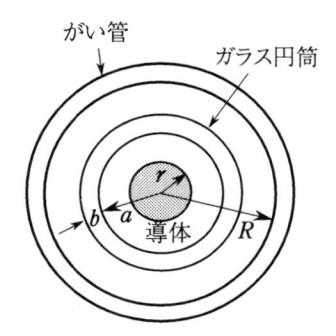

図4・4 がい管の絶縁耐力

【解　答】

導体表面の電位傾度

加えられた電圧を V とし，ガラス円筒を挿入しないときの導体表面の電位傾度を V_r とすると，前問での E_x は

$$E_x = \frac{1}{2\pi l \varepsilon_0 \varepsilon_s} \cdot \frac{Q}{r} \cdot \frac{r}{x} = V_r \frac{r}{x}$$

となるので

$$V = \int_r^R \frac{V_r r}{x} dx = rV_r \log \frac{R}{r}$$

になり，次にガラス円筒を挿入したときの導体表面の電位傾度を V_r' とすると，

$$V = rV_r' \left\{ \int_r^a \frac{1}{x} dx + \int_a^{a+b} \frac{1}{\varepsilon_s x} dx + \int_{a+b}^R \frac{1}{x} dx \right\}$$

$$= rV_r' \left\{ \log \frac{a}{r} + \frac{1}{\varepsilon_s} \log \frac{a+b}{a} + \log \frac{R}{a+b} \right\}$$

ただし，ε_s はガラス円筒の比誘電率である．
上記の { } 内は

$$\log\left(\frac{a}{r} \times \frac{R}{a+b}\right) + \frac{1}{\varepsilon_s} \log \frac{a+b}{a} = \log\left(\frac{R}{r} \times \frac{a}{a+b}\right) + \frac{1}{\varepsilon_s} \log \frac{a+b}{a}$$

$$= \log \frac{R}{r} + \log \frac{a}{a+b} + \frac{1}{\varepsilon_s} \log \frac{a+b}{a} = \log \frac{R}{r} - \log \frac{a+b}{a} + \frac{1}{\varepsilon_s} \log \frac{a+b}{a}$$

$$= \log \frac{R}{r} - \left(1 - \frac{1}{\varepsilon_s}\right) \log \frac{a+b}{a}$$

ここで $\varepsilon_s > 1$ だから $1/\varepsilon_s < 1$ となり，（ ）内は正数であり $\log \frac{a+b}{a}$ は $(a+b) > a$ で $\log(a+b) - \log a$ は正数となり —— $\log(a+b) = u$ とおくと $e^u = a+b$，$\log a = v$ とおくと $e^v = a$　$u > v$ で正数になる —— ，後式 V の { } 内は前式 V の $\log \frac{R}{r}$ より小さくなるので，$V_r' > V_r$ になって絶縁耐力は減少する．

水抵抗器

【例題 3】
半径 r 〔m〕の円筒形電極二つを D 〔m〕の間隔で配置した水抵抗器がある．電極

-46-

4 積分法の応用例題

を l 〔m〕水に入れると，この抵抗器に何kWが負荷できるか．ただし，使用電圧を E 〔V〕とし水の抵抗率を ρ 〔Ωm〕とする．なお，$D \gg r$ である．

【解 答】

電流密度　図4・5において，$D \gg r$ とすると電流は各電極より平等にかつ放射状に出入りすると考えられる．そこでA極から電流 I が流出すると，その中心から x の点Pの電流密度は

$$J_A = \frac{I}{2\pi x l}$$

となるので

P点の電位傾度　$V_A = J_A \rho = \dfrac{I\rho}{2\pi x l}$

になる．同様にB電極に電流 I が流入すると，その電流密度は

$$J_B = \frac{-I}{2\pi(D-x)l}$$

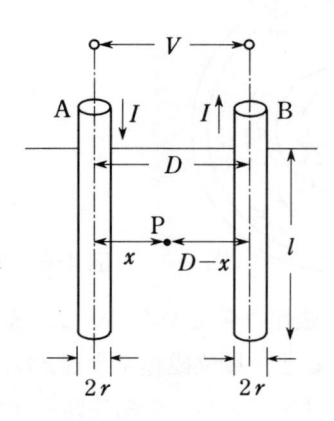

図4・5　水抵抗器の負荷容量

これによるP点の電位傾度は

$$V_B = J_B \rho = -\frac{I\rho}{2\pi(D-x)l}$$

合成電位傾度　したがって，P点の合成電位傾度 V は

$$V = V_A - V_B = \frac{I\rho}{2\pi l}\left(\frac{1}{x} + \frac{1}{D-x}\right)$$

電位差　そこで，AB間の電位差 E は

$$\begin{aligned}
E &= \int_r^{D-r} V dx = \frac{I\rho}{2\pi l}\int_r^{D-r}\left(\frac{1}{x} + \frac{1}{D-x}\right)dx \\
&= \frac{I\rho}{2\pi l}\left\{\left[\log x\right]_r^{D-r} - \left[\log(D-x)\right]_r^{D-r}\right\} \\
&= \frac{I\rho}{\pi l}\log\frac{D-r}{r} = 2.303\frac{I\rho}{\pi l}\log_{10}\frac{D-r}{r}
\end{aligned}$$

合成抵抗　したがって，AB間の合成抵抗　$R = \dfrac{E}{I} = 2.303\dfrac{\rho}{\pi l}\log_{10}\dfrac{D-r}{r}$

ゆえに求める負荷電力 P は

$$P = \frac{V^2}{R} = \frac{0.434\pi l V^2}{\rho \log_{10}\frac{D-r}{r}} \times 10^{-3} \text{ [kW]}$$

ただし，$D-r \fallingdotseq D$ とおいてよい．

　注： $CR = \varepsilon_0 \varepsilon_s \rho$ の関係より C を求めて，$R = \varepsilon_0 \varepsilon_s \rho / C$ によっても求められる．

【例題　4】

正三角形配置の三相3線式送電線の線間距離を D [m]，銅線の半径を r [m] としたとき，その1線のインダクタンス L [mH/km] および作用容量 C [μF/km] を算定せよ．

【解　答】

図4·6に示すように，一つの導体に電流 I [A] が紙面上から紙面下に向かって流れているとすると，導体の中心を中心とした同心円の点線のような磁束が導体の内外

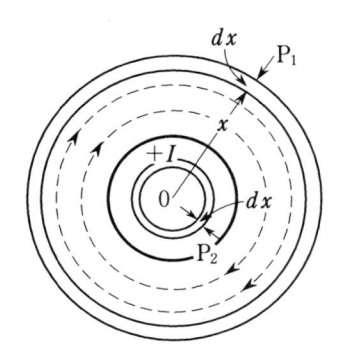

図4·6　導体の発生磁束

に生ずるので，導体の内外に磁界を発生する．いま，導体外で中心から x [m] の P_1 点の磁界の強さが H_1 だとすると，単位磁極を半径 x の円周に沿って1周させる仕事（力×距離 $= H_1 \times 1 \times 2\pi x$）は，アンペアの閉磁路の法則によると，1周した通路内にふくまれる電流の代数和に等しいので

（閉磁路の法則）

$$2\pi x H_1 = I, \quad H_1 = \frac{I}{2\pi x} \text{ [AT/m]}$$

この点の磁束密度　$B_1 = \mu_0 \mu H_1 = \dfrac{\mu_0 I}{2\pi x}$ [Wb/m²]

ただし，μ_0 は真空の透磁率 $4\pi \times 10^{-7}$ [H/m]．なお，空気中として媒質の比透磁率 $\mu = 1$ とした．

この P_1 点で厚さ dx で紙面下に向かう長さが1mの円筒について，この部分を通る磁束数

$$\phi_1 = B_1 \times dx \times 1 = \frac{\mu_0 I}{2\pi} \frac{1}{x} dx \tag{1}$$

になる．

導体内部で中心から x [m] の P_2 点を考えると，この場合は電流として x より内側に流れるものをとることになり，電流の大きさは導体断面積に比例するものとし，$I' = I \times (\pi x^2 / \pi r^2) = I x^2 / r^2$ になり，P_2 点で厚さ dx，長さ1mの部分をとると，この部分を通る磁束数

$$\phi_2 = \frac{\mu_0 \mu I}{2\pi r^2} x\, dx \tag{2}$$

になる．ただし，μは導体の比透磁率である．

次に図4・7のように半径rの導体が2本平行に架設され，これに$+I$，$-I$の電流が流れているとき，$+I$によって生ずる磁束と導体Aが鎖交して生ずる誘起電圧を考え

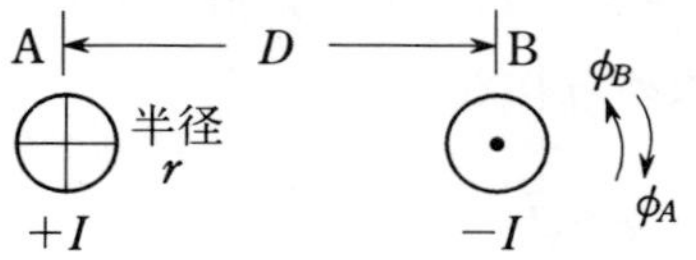

図4・7 導体と磁束の鎖交

ると，導体A内部（$x<r$）での鎖交と，Dからrまでの磁束と導体Aの鎖交をとればよい ―― $x>D$の部分では図のように$+I$と$-I$によるϕ_Aとϕ_Bが打ち消し合って存在しない ――．導体内部での鎖交（$\phi_2 N_2$）のϕ_2は(2)式の値になるが，切り合う導体は$\pi x^2/\pi r^2 = x^2/r^2$の比になり，これを$x=0$から$x=r$まで積分して全体の値を求めると

$$\phi_2 N_2 = \frac{\mu_0 \mu I}{2\pi r^2} \int_0^r x \times \frac{x^2}{r^2} dx = \frac{\mu_0 \mu I}{2\pi r^4} \left[\frac{x^4}{4}\right]_0^r = \frac{\mu_0 \mu I}{8\pi}$$

インダクタンス

このインダクタンスをL_2とすると

$$e = \frac{d(\phi_2 N_2)}{dt} = L_2 \frac{dI}{dt} = \frac{\mu_0 \mu}{8\pi} \frac{dI}{dt}$$

になるので $L_2 = \dfrac{\mu_0 \mu}{8\pi}$ 〔H/m〕

これに$\mu_0 = 4\pi \times 10^{-7}$を用い，Hをmh，mをkmに直すと

$$L_2 = \frac{4\pi \times 10^{-7}}{8\pi} \mu \times 10^3 \times 10^3 = \frac{\mu}{20} \text{〔mH/km〕} \tag{3}$$

次に導体外の$x=r$から$x=D$の部分の磁束とA導体との鎖交数（$\phi_1 N_1$）を考えると，ϕ_1は(1)式となり$N_1 = 1$と考えてよいから

$$\phi_1 N_1 = \frac{\mu_0 I}{2\pi} \int_x^D \frac{1}{x} dx = \frac{\mu_0 I}{2\pi} \left[\log x\right]_r^D = \frac{\mu_0 I}{2\pi} \log \frac{D}{r}$$

したがって，この場合のインダクタンスL_1は上記から明らかなように

$$L_1 = \frac{\mu_0}{2\pi} \log \frac{D}{r}$$

これに$\mu_0 = 4\pi \times 10^{-7}$と$\log u = 2.3026 \log_{10} u$の関係を用い，km当たりのmH数にすると，

$$L_1 = \frac{4\pi \times 10^{-7}}{2\pi} \times 2.3026 \log_{10} \frac{D}{r} \times 10^6$$
$$= 0.46052 \log_{10} \frac{D}{r} \text{〔mH/km〕} \tag{4}$$

となり，A導体のインダクタンスは(3)式と(4)式の和になる．ただし，銅線，アルミ線，鋼心アルミ撚線では$\mu=1$として計算し，鋼線や鉄線では$\mu=100\sim150$にとる．い

1線のインダクタンス

ま，広く用いられる鋼心アルミ撚線とすると，1線のインダクタンスLは

$$L = 0.4605 \log_{10} \frac{D}{r} + 0.05 \tag{5}$$

というようになる．

次に図4·8のような正三角形配置の三相3線式で各線の電流をi_a, i_b, i_cとすると，$i_a + i_b + i_c = 0$, $i_b + i_c = -i_a$となるので，i_bとi_cが図の点線のように重なり合ってi_aから同一距離Dにあると考えられるので，前の$+I$, $-I$と同じことになり，1線のインダクタンスは(5)式で求められる．

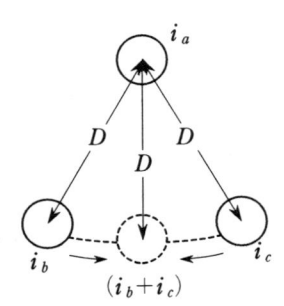

図4·8　$i_b + i_c = -i_a$

次に半径rの2本の導体A，Bが図4·9のように距離Dをへだてて平行に架設されているとき，この単位長に$+q$, $-q$の電荷を与えたとき，両電線の中心を結ぶ線上でAからの距離がx [m]のP点について電界の強さを考える．単位長から出る電

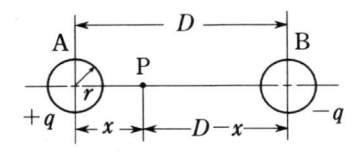

図4·9　導体間の静電容量

気力線はガウスの法則によってq/ε_0になり，放射状に出ている．いま，導体の中心からx [m]の点で半径x，長さが単位長の円筒面を考えると，その面積は$2\pi x \times 1$になり，この円筒面を上記の電気力線が直角に通過するので

電気力線密度 = 電界の強さ $E = \dfrac{q}{2\pi x \varepsilon_0}$

この電界の強さに抗して単位の正電荷を∞からxまで持ってくる仕事が$+q$によるこの点の電位V_P'になるので

$$V_P' = \frac{q}{2\pi\varepsilon_0} \int_x^\infty \frac{1}{x} = \frac{q}{2\pi\varepsilon_0}(\log\infty - \log x)$$

同様に$-q$によるP点の電位V_P''は

$$V_P'' = \frac{-q}{2\pi\varepsilon_0} \int_{D-x}^\infty \frac{1}{x'} dx' = \frac{-q}{2\pi\varepsilon_0}\{\log\infty - \log(D-x)\}$$

P点の電位V_Pはこの二つの和であって

$$V_P = V_P' + V_P'' = \frac{q}{2\pi\varepsilon_0} \log \frac{D-x}{x}$$

になる．ところがA導体の表面の電位V_Aは上式で$x=r$とおくことになり，B導体の電位V_Bは$x=D-r$とおいたものになるので，

― 余白注 ―
電界の強さ
ガウスの法則
電気力線密度

$$V_A = \frac{q}{2\pi\varepsilon_0} \log \frac{D-r}{r}$$

$$V_B = \frac{q}{2\pi\varepsilon_0} \log \frac{r}{D-r}$$

両導体間の電位差 V は

$$V = V_A - V_B = \frac{q}{2\pi\varepsilon_0}\left\{\left(\log\frac{D-r}{r}\right) - \left(\log\frac{r}{D-r}\right)\right\}$$

$$= \frac{q}{2\pi\varepsilon_0} \log\left\{\left(\frac{D-r}{r}\right) \div \left(\frac{r}{D-r}\right)\right\}$$

$$= \frac{q}{2\pi\varepsilon_0} \log\left(\frac{D-r}{r}\right)^2 = \frac{2q}{2\pi\varepsilon_0} \log \frac{D-r}{r}$$

したがって, A, B 間の静電容量 C' は

$$C' = \frac{q}{V} = \frac{\pi\varepsilon_0}{\log\dfrac{D-r}{r}}$$

2線間の静電容量
1線の静電容量

これは2線間の静電容量であって, 計算に使用するとき電線2本を共にしたものでは都合が悪いので, この中間の零電位面を考えると, これに対する電位は $V/2$ になるから C は2倍になり, 1線の静電容量

$$C = \frac{2\pi\varepsilon_0}{\log\dfrac{D-r}{r}} \ [\text{F/m}]$$

これに $\varepsilon_0 = 10^7/4\pi \times (3\times 10^8)^2$ を用い, $D-r \fallingdotseq D$ と考え, 常用対数に直して〔μF/km〕で表すと

$$C = \frac{2\pi \times \dfrac{10^7}{4\pi \times (3\times 10^8)^2}}{2.3026 \log_{10}\dfrac{D}{r}} \times 10^6 \times 10^3 = \frac{0.02413}{\log_{10}\dfrac{D}{r}} \ [\mu\text{F/km}]$$

作用容量

なお, 正三角形配置の三相3線式の各線の電荷を q_a, q_b, q_c とすると, $q_a + q_b + q_c = 0$, $q_b + q_c = -q_a$ になるので, 図4・8と同様に上式は三相3線式の電線1条の中性点に対する静電容量を表すものと考えられる. これを一般に**作用容量**といっている.

【例題 5】

静電容量 C〔ファラッド〕のコンデンサの帯電電荷が Q_0〔クーロン〕であるとき, これを図4・10に示したように抵抗 R〔オーム〕を通じて放電したとき

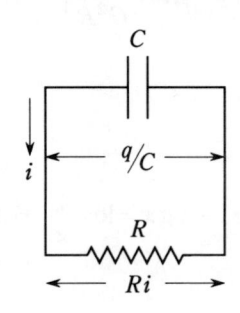

コンデンサの放電

図 4・10 コンデンサの放電

(1) コンデンサの電荷が Q になるまでの時間 t を求め，
(2) この間に R で消費されるエネルギーは R の値に無関係であることを証明せよ．

【解　答】

(1) 放電 t 秒後の C の電荷を q とすると，C の端子電圧は q/C になり，回路の電流 i は q の時間的変化で q を時間 t について微分した $-dq/dt$ —— 放電の場合だから負号がつく —— になるので次の等式が成立する

$$\frac{q}{C} = Ri = -R\frac{dq}{dt}, \quad \frac{1}{q}dq = -\frac{1}{CR}dt$$

この両辺を積分すると

$$\int \frac{1}{q}dq = -\frac{1}{CR}\int dt, \quad \log q = -\frac{1}{CR}t + k$$

この k は積分定数で，その値は $t=0$ では $q=Q_0$ によって与えられ，$k = \log Q_0$ になり，$q=Q$ となる時間 t は

$$\log Q = -\frac{1}{CR}t + \log Q_0 \text{ より}$$

$$t = CR(\log Q_0 - \log Q) = CR\log\frac{Q_0}{Q}$$

によって求められる．

(2) 上記の $\log q = -\frac{1}{CR}t + \log Q_0$ より

$$\log\frac{q}{Q_0} = -\frac{1}{CR}t, \quad \frac{q}{Q_0} = \varepsilon^{-\frac{1}{CR}t}, \quad q = Q_0\varepsilon^{-\frac{1}{CR}t}$$

となるので，抵抗 R に流れる電流は

$$i = -\frac{dq}{dt} = \frac{Q_0}{CR}\varepsilon^{-\frac{1}{CR}t}$$

抵抗での
　消費電力

となり，抵抗での消費電力は

$$i^2 R = \frac{Q_0^2}{C^2 R^2}\varepsilon^{-\frac{2}{CR}t} \times R = \frac{Q_0^2}{C^2 R}\varepsilon^{-\frac{2}{CR}t}$$

エネルギー

になり，これを $t=0$ から Q_0 が Q になるまでの時間 $t = CR\log\frac{Q_0}{Q}$ までを積分すると，この間に R で消費されるエネルギー w になる

$$w = \frac{Q_0^2}{C^2 R}\int_0^{CR\log\frac{Q_0}{Q}}\left(\varepsilon^{-\frac{2}{CR}t}\right)dt = \frac{Q_0^2}{C^2 R}\left[-\frac{CR\varepsilon^{-\frac{2}{CR}t}}{2}\right]_0^{CR\log\frac{Q_0}{Q}}$$

ただし，$\int \varepsilon^{ax}dx = \frac{\varepsilon^{ax}}{a} + k$

なお，$-\log x = 0 - \log x = \log 1 - \log x = \log\frac{1}{x}$ および $2\log x = \log x^2$ となるので，上記の

$$\varepsilon^{-\frac{2}{CR}\times CR\log\frac{Q_0}{Q}} = \varepsilon^{-2\log\frac{Q_0}{Q}} = \varepsilon^{\log\left(\frac{Q}{Q_0}\right)^2} = u$$

とおくと，$\log u = \log\left(\dfrac{Q}{Q_0}\right)^2$, $u = \left(\dfrac{Q}{Q_0}\right)^2$ となり，

$$w = \frac{Q_0{}^2}{C^2R}\left\{-\frac{CR}{2}\left(\frac{Q}{Q_0}\right)^2 - \left(-\frac{CR}{2}\right)\right\} = \frac{Q_0{}^2}{C^2R}\cdot\frac{CR}{2}\left\{1-\left(\frac{Q}{Q_0}\right)^2\right\}$$

$$= \frac{Q_0{}^2}{2C}\left(\frac{Q_0{}^2-Q^2}{Q_0{}^2}\right) = \frac{1}{2C}\left(Q_0{}^2-Q^2\right)$$

静電エネルギー　この間にコンデンサが失う静電エネルギーが抵抗Rで失われるエネルギーになるので

$$\frac{1}{2}CV^2 = \frac{1}{2}qV = \frac{q^2}{2C} \quad \text{より} \quad w = \frac{1}{2C}\left(Q_0{}^2-Q^2\right)$$

と直ちに得られる．この式から明かなようにwはRの値に左右されない．

　　注：　静電容量Cに電圧eを加え，電流iが流れていると時間dtに貯えられる静電エネルギーは $dw = eidt = e\dfrac{dq}{dt}dt = edq = edCe = Cede$．$e=0$から$e=V$までに貯えられたエネルギーは

$$w = \int_0^V dw = C\int_0^V ede = C\left[\frac{e^2}{2}\right]_0^V = \frac{1}{2}CV^2$$

同様に考えて，インダクタンスLに電流Iが流れているとき蓄積される電磁エネルギーが $\dfrac{1}{2}LI^2$ となることを証明してみられたい．

5 積分法の要点

5・1 不定積分と定積分の意義

【1】微分と積分の逆算関係

微分と積分の関係は次のような逆算関係にある．

$$\text{原始関数 } F(x) \xrightarrow[\leftarrow \text{積分} \int f(x)dx]{\text{微分} \frac{dF(x)}{dx} \rightarrow} \text{導関数 } f(x)$$

例えば

$$\text{電荷 } q = F(t) \xrightarrow[\leftarrow \text{積分} \int f(t)dt]{\text{微分} \frac{dF(t)}{dt} \rightarrow} \text{電流 } i = f(t)$$

【2】不定積分と定積分

一つの原始関数 $F(x)+k$ （ただし，k：定数）を微分した導関数 $\frac{d}{dx}\{F(x)+k\}$ $= \frac{dF(x)}{dx}$ になり，kがどのような値をとっても定数であるかぎり，その微分は0になる．従って一つの導関数$f(x)$に対応する原始関数$F(x)+k$はkが任意の定数だから，一つの$f(x)$曲線に対しこれに対応する原始関数$F(x)+k$，を表す曲線は，Y軸の方向に平行移動した無数の曲線群からなり不定だから，$F(x)+k$ を$f(x)$の不定積分という．この不定積分に初期値を与えると定積分になって，上記の無数の曲線群のうちの定まった一つがこれに対応する．

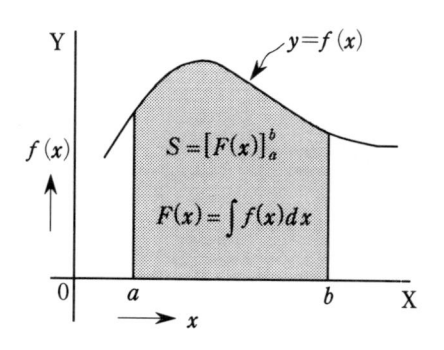

また一つの連続関数$f(x)$が一つの曲線を画くとき，この$f(x)$を積分した$F(x)$は$f(x)$曲線とX軸との間に形成する面積Sを表し，xに限界が与えられないと$F(x)$は不定積分であるが，これを$x=a$から$x=b$までを積分したものは一定値

$$\int_a^b f(x)dx = \left[F(x)\right]_a^b = F(b)-F(a)$$

となり，$x=a$ から $x=b$ までの間で $f(x)$ 曲線が X 軸との間に形成する面積 S を表している．このように積分変数 x に限界が与えられると，積分値は一定の値になって定積分になる．

5・2 不定積分の計算法

集合関数

【1】集合関数の不定積分

(1) ある関数を積分すると任意の定数（積分定数）k がつく．すなわち

$$\int f'(x)dx = f(x)+k$$

(2) 関数と定数の積の積分は，その関数の積分に定数を乗じたものになる．すなわち

$$\int kf(x)dx = k\int f(x)dx$$

(3) 関数の和（差）の積分は，各関数の積分の和（差）になる．すなわち，

$$\int \{f(x)\pm g(x)\}dx = \int f(x)dx \pm \int g(x)dx$$

(4) $\quad \int \dfrac{f(x)}{\{g(x)\}^2}dx = \int \dfrac{f(x)}{g(x)}dx - \dfrac{f(x)}{g(x)}$

(5) $\quad \int f'(ax+b)dx = \dfrac{1}{a}f(ax+b)$

(6) $\quad \int \dfrac{f'(x)}{f(x)}dx = \log\{f(x)\}$ 　　（重要）

(7) $\quad \int \dfrac{f'(x)}{\sqrt{f(x)}}dx = 2\sqrt{f(x)}$

(8) $\quad \int f'(x)f(x)dx = \dfrac{1}{2}\{f(x)\}^2$

置換積分法

【2】不定積分での置換積分法

積分変数をおきかえて積分しやすい形とする方法で，被積分関数 $f(x)=\Phi(z)$ とおき

$$\int (x)dx = \int \Phi(z)\dfrac{dx}{dz}\cdot dz$$

として求めてから z を x にもどす．dx/dz が定数になるとか，この項と $\Phi(z)$ の項の一部が約されて消失するとか，また $\Phi(z)$ が根号をふくまない形になる，などというように積分変数をおきかえる．

5 積分法の要点

部分積分法

【3】不定積分での部分積分法

これは被積分関数を二つの関数の積の形とみなして，積分しやすいその一部分を積分する方法である．すなわち

$$\int f(x)g'(x)dx = f(x)g(x) - \int f'(x)g(x)dx$$

この $f'(x) \ g(x)$ を積分しやすい形にするためには，微分すると簡単な形になるものを $f(x)$ とおき，積分しやすいものを $g'(x)$ とする．

漸化法

【4】不定積分における漸化法

これは整数 n の指数をもつ関数 $f(x)$ に対し部分積分法をくり返し適用して，その指数 n を次第に低下し，$n=0$ まで持って行って積分を完了する方法で，この初めの段階で如何に積分をくり返して行うかを示した一般式が漸化式である．例えば

$$\int x^n \varepsilon^{kx} dx = \frac{x^n \varepsilon^{kx}}{k} - \frac{n}{k}\int x^{n-1}\varepsilon^{kx}dx = \frac{x^n \varepsilon^{kx}}{k} - \frac{n}{k}I_{n-1}$$

右辺がこの場合の漸化式である．

逆関数の積分

【5】逆関数の積分に転化する不定積分法

これは被積分関数が逆関数を有し，その逆関数の方が積分しやすいときに用いる方法で，いま $g(x)=t$ とし，$g(x)$ の逆関数を $f(t)$ とすると

$$\int g(x)dx = xg(x) - \int f(t)dt$$

によって $g(x)$ の逆関数 $f(t)$ を積分すればよいことになる．

有理関数

【6】有理関数の不定積分法

有理整関数の積分は各項について行い，有理分数関数の積分は分子の次数が分母より大きいときは除法を行って整式の部分と分数式の部分に分けて積分する．さらに分母が1次因数に分解される場合は部分分数に分けて分子の未知定数を定めて行い，分母が2次因数をふくむ場合も同様にして行うが，未知定数を定めるのに微分法を用いる．

無理関数

【7】無理関数の不定積分法

無理関数を置換によって有理関数におきかえて積分する．

（1）根号内が1次整式の場合；すなわち $\sqrt[n]{ax+b}$ の形をとるときは $\sqrt[n]{ax+b}=z$ と変数を置換して行う．この根号内が $\sqrt[n]{(ax+b)/(cx+e)}$ と分数の形になるときも，これを z とおく．

（2）根号内が2次整式の場合；すなわち $\sqrt{ax^2+bx+c}$ の形となり，$b^2-4ac>0$ のときは2根を α, β とすると $\sqrt{ax^2+bx+c}=\sqrt{a(x-\alpha)(x-\beta)}=\sqrt{a}(x-\beta)\sqrt{\frac{x-\alpha}{x-\beta}}$ となって前項の場合になり，$b^2-4ac<0$ のときは $\sqrt{ax^2+bx+c}=z-\sqrt{a}\,x$ とおく．

(3) 被積分関数を三角関数に置換して積分を行う場合；$\sqrt{a^2-x^2}$ をふくむものは $x=a\sin\theta$ または $x=a\cos\theta$ とおき，$\sqrt{a^2+x^2}$ をふくむものは $x=a\tan\theta$ とおき，$\sqrt{x^2-a^2}$ をふくむものは $x=a\sec\theta$ とおく．

超越関数

【8】超越関数の不定積分法
(1) 指数関数の不定積分法
指数関数 ε^x をふくむ整式の積分では $\varepsilon^x=z$ とおいて有理整式化して積分を行う．
(2) 対数関数の不定積分法
対数関数 $\log x$ をふくむ整式の積分も指数関数の場合と同様に $\log x=z$ とおいて有理整式化して積分を行う．
(3) 三角関数の不定積分法
三角関数の積や累乗は倍角の公式などによって三角関数の和の形にして積分することもある．また，三角関数の有理関数は $\tan x=z$ または $\tan\dfrac{x}{2}=z$ とおいて積分することもできる．
(4) 逆三角関数の不定積分法
逆三角関数の不定積分は〔5〕に記したように三角関数の積分に転化できる．また，例えば $\sin^{-1}x=z$ とおいて三角関数として積分できる．

6 積分法の演習問題

〔問 1〕次の不定積分を置換積分法によって求めよ．

(1) $\displaystyle\int \frac{x}{9+x^4}dx$

(2) $\displaystyle\int \frac{1}{\sqrt{2x^2-6x+3}}dx$

(3) $\displaystyle\int \frac{\sin 2x \cos 2x}{\sqrt{9-\cos^4 x}}dx$

(4) $\displaystyle\int \frac{\sec^2 x}{\sqrt{4-\tan^2 x}}dx$

(5) $\displaystyle\int \sin^4 2x \cos^3 2x\, dx$

(6) $\displaystyle\int \varepsilon^{-\sin x}\cos x\, dx$

(7) $\displaystyle\int \frac{\varepsilon^x}{1+\varepsilon^{2x}}dx$

(8) $\displaystyle\int x\varepsilon^{-x^2}dx$

(9) $\displaystyle\int \frac{\log x}{x}dx$

(10) $\displaystyle\int \frac{1}{x\log x}dx$

〔問 2〕次の不定積分を部分積分法によって求めよ．

(1) $\displaystyle\int \sqrt{x^2+k}\, dx$

(2) $\displaystyle\int x^2 \sin x\, dx$

(3) $\displaystyle\int \frac{\sin^2 x}{(x\cos x-\sin x)^2}dx$

(4) $\displaystyle\int \frac{x+\sin x}{1+\cos x}dx$

(5) $\displaystyle\int \frac{1}{(1+x\tan x)^2}dx$

(6) $\displaystyle\int x^2 \varepsilon^{-x}dx$

(7) $\displaystyle\int \frac{\varepsilon^x(1+\sin x)}{1+\cos x}dx$

(8) $\displaystyle\int \frac{\log(1+x^2)}{x^2}dx$

(9) $\displaystyle\int \frac{\log x}{(x+1)^2}dx$

(10) $\displaystyle\int \frac{\varepsilon^x(1+x\log x)}{x}dx$

〔問 3〕2に記した諸方法を用いて次の不定積分を求めよ．

(1) $\displaystyle\int (x^2-2)^3 x^3 dx$

(2) $\displaystyle\int \frac{1}{x^2+3x+3}dx$

(3) $\displaystyle\int \frac{1}{x^2+x-30}dx$

(4) $\displaystyle\int \frac{1}{3x^2+14x+18}dx$

(5) $\displaystyle\int \frac{2+x^3}{x^2+4x}dx$

(6) $\displaystyle\int \frac{x^4+4x^2-4}{(x-1)(x^2+4)}dx$

(7) $\displaystyle\int \frac{1}{(4x^2+25)^2}dx$

(8) $\displaystyle\int \sqrt{x^2+4x+3}\,dx$

(9) $\displaystyle\int \frac{x+1}{\sqrt{8-2x-x^2}}dx$

(10) $\displaystyle\int \frac{1}{x+\sqrt{x^2-1}}dx$

(11) $\displaystyle\int \frac{x-2}{\sqrt{6x^2-x^2-5}}dx$

(12) $\displaystyle\int \frac{x}{\sqrt{4x-x^2}}dx$

(13) $\displaystyle\int x^3 \cos x\,dx$

(14) $\displaystyle\int x\cos 2x\,dx$

(15) $\displaystyle\int (\tan x + \sec x)^2 dx$

(16) $\displaystyle\int (\tan^2 x + \tan^4 x)^2 dx$

(17) $\displaystyle\int \frac{1}{1-\cos x}dx$

(18) $\displaystyle\int \frac{1}{\sin x + \cos x}dx$

(19) $\displaystyle\int x^3 \varepsilon^{2x} dx$

(20) $\displaystyle\int x a^x dx \quad (a>0,\ a\neq 1)$

(21) $\displaystyle\int x^n \log x\,dx$

(22) $\displaystyle\int \cot^{-1} x\,dx$

(23) $\displaystyle\int \frac{1}{x}\log(\log x)dx$

(24) $\displaystyle\int \frac{x\sin^{-1} x}{\sqrt{1-x^2}}dx$

〔問 4〕

(1) 図のような半径 R および r の同心球間に形成する静電容量を外球を接地した場合および内球を接地した場合について求めよ．ただし，両球間の絶縁物の比誘電率を ε_s とする．

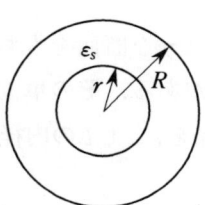

(2) 図のような三種の誘電体よりなる電力ケーブルがある．ここに r：導体半径，R：鉛被内径，ε_1：第1誘電体の比誘電率，ε_2：第2誘電体の比誘電率，ε_3：第3誘電体の比誘電率とし，各層の電位傾度を等しくするためには，r_1 と r_2 をどのように選べばよいか．また，全電圧を V とするとき各層の分担電圧および最大電位傾度を求めよ．

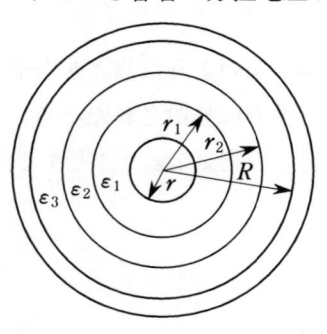

(3) 図のような内側円筒の半径 r，外側円筒内径 R なる長さ l の同軸円筒コンデンサの左右半分ずつの誘電体の比誘電率が ε_1，ε_2 と相違するときの静電容量を求めよ．

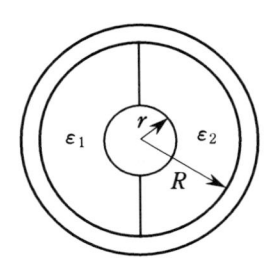

(4) 電圧 V の加えられた板面積 S [m²]，板間隔 d [m] の平行板コンデンサの電極間に働く吸引力 F [N] を求めよ．なお外側を接地した同心球，および同心円筒の場合についても求めよ．ただし，誘電体の比誘電率を ε_s とする．

(5) 半径 r [m] なる球を地下 h [m] に埋設したときの接地抵抗 [Ω] を求めよ．ただし，土壌の抵抗率を ρ [Ωm] とし，$h \gg r$ とする．

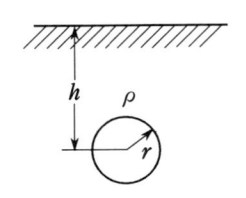

(6) 半径 r [m] の電線が地上 h [m] に架設されたときの単位長当たりの静電容量 [F/m] を求めよ．ただし，$h \gg r$ とする．

(7) 図に示すような断面をもち往路を内部導体 a，帰路を外部導体 b とする無限長の同軸ケーブルがある．その単位長について内部導体のインダクタンスを計算せよ．ただし，a の半径を r とし b の内径および外径をそれぞれ R_1 および R_2 とする．

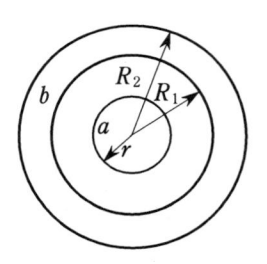

(8) 空気中で図のように高さ h [m] のところに，半径 r [m]，長さ l [m] の電線が大地に対し垂直に施設されたとき，これと大地間に形成される静電容量 [F] を計算せよ．ただし，空気の $\varepsilon_s = 1$ とする．

6 積分法の演習問題

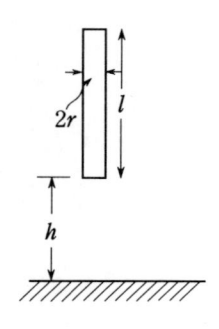

(9) 二つの静電容量 C_1, C_2 を（イ）のように直列に接続し電圧 V を加えて充電し，次にこれを（ロ）のように接続して抵抗 r を通じて放電するとき，r に消費されるエネルギーを求めよ．

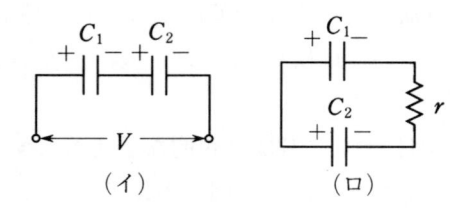

(10) 図のような無限長の直線導体に電流 I 〔A〕が流れているとき，この電線から a 〔m〕のP点において導体の一部AB（$\angle APQ = \theta_2$, $\angle BPQ = \theta_1$）によって生ずる磁界の強さ，および全導体によってこの点に生ずる磁界の強さ〔A/m〕を求めよ．

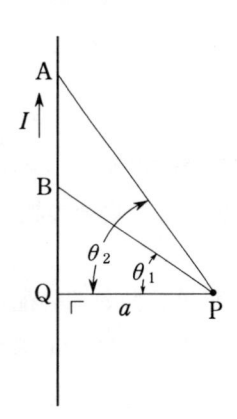

(11) 図のような半径 r 〔m〕なる円形導体に電流 I 〔A〕が流れたとき，その中心Oに生ずる磁界の強さおよび中心線上において導体から a 〔m〕の点に生ずる磁界の強さを求めよ．

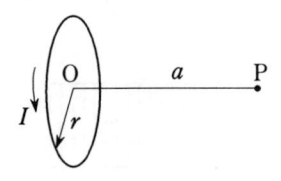

(12) 1, 2 と 3, 4 の 2 組の平行往復線路間の単位長当たりの相互インダクタンス M を算定し，この M を 0 とする各線間の距離 a, b, c, d 〔m〕の関係を求めよ．

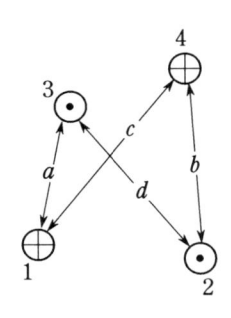

(13) $e = E_{1m}\sin\omega t + E_{2m}\sin(2\omega t + \theta)$ の波形率を求めよ.

(14) 正弦波交流 $i = I_m\sin\omega t$ を整流して，これを可動コイル形電流計で測定したときと電流力計形電流計で測定したときの計器の指示を全波整流の場合と半波整流の場合について比較せよ．

(15) 図においてSは理想的な整流器とする．Aは電流力形電流計，Vは可動コイル形電圧計である．この回路の端子に $E_m\sin\omega t$ なる電圧を加えたとき，AおよびVの指示を求めよ．

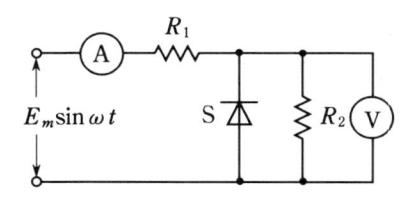

(16) 変圧器の励磁電流が $i = \sqrt{2}I_1\sin\omega t + \sqrt{2}I_n\sin(n\omega t - \theta_n)$ であるとき，これを整流形計器で測定した場合の誤差〔％〕はいくらか．

(17) 亘長 l の平等分散負荷の配電線路がある．この全損失を集中負荷で生ずるものとすると負荷点の位置は送電端から見てどの点になるか．また，この全電圧降下を集中負荷で生ずるものとすると負荷の位置は送電端から見てどの点になるか．

(18) 配電線に下記（イ）および（ロ）のような分布で負荷が接続されている場合，配電線末端における電圧降下は負荷が配電線末端に集中接続されている場合の電圧降下に対しそれぞれ何％になるか．ただし，（イ）（ロ）ともに分布負荷の負荷電流の総和は集中負荷電流に等しいものとする．

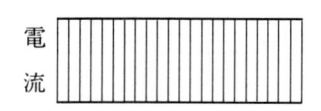

（イ）平等負荷電流分布　　（ロ）送電端ほど大きい直線的負荷電流分布

6　積分法の演習問題

(19) 給電点における年間最大負荷電流100 A，配電距離1 km，直径5 mm，導電率97 %の硬銅線を使用した三相3線式3 000 V高圧配電線路がある．線路中の年間損失電力量は何 kWh となるかを計算せよ．ただし，負荷は全配電線路にわたり平等に分布し，かつ同一負荷曲線を有するものとし，年間損失係数を0.3とする．

(20) こう長l〔m〕，単位長の抵抗r〔Ω〕の交流三相3線式配電線あり，線路に沿い力率$\cos\theta$なる負荷が単位長につきi〔A〕ずつ平等に分布されている．いま，線路の末端に三相コンデンサを設置し，前線路損失を最小にしようとする．これに適するコンデンサの容量を算定せよ．ただし，配電線電圧は負荷側にてE〔V〕とする．

(21) こう長150 kmの三相3線式送電線の電線1条の抵抗を0.15 Ω/km，電線1条の対地静電容量を$8.5\times10^{-3}\mu$F/km，受電端での負荷電力30 000 kW，同電圧100 kV，負荷力率80 %，周波数50 Hzとしたときの線路の抵抗損失を問う．ただし，その他の線路定数は省略する．

(22) 送電線の径間をS〔m〕，その弛度をD〔m〕としたとき，電線の実長を求めよ．

(23) 格子付の単相2極水銀整流器の交流側電圧の実効値はE〔V〕である．いま，無負荷で格子制御によって各極の点弧開始瞬時を交流の最大値にすると，直流側に接続された可動コイル形電圧計の指示は何程になるか．ただし，内部電圧降下は無視する．

(24) 直径80 cmの円形のマンホールがある．その上面は空の光だけ（太陽の直射はない）を受けて，25 000ルクスの照度になっている．このマンホールのふたを取った時のマンホールの中で路面より30 cm下方にある中心点の水平照度を計算せよ．

(25) 図のような直線状光源の灯軸と垂直方向の光度をI_h〔cd〕としたときθ方向の光度が
$$I_\theta = I_h(\alpha\cos\theta + \beta\cos^2\theta) \text{〔cd〕}$$
で表されるとき，光源の全光束を求めよ．

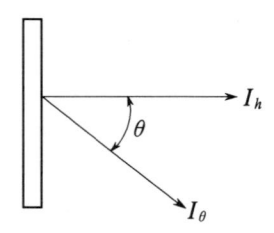

(26) 直径3 mの円形テーブルの中心の照度は300 lx，テーブル上の他の点の照度は中心よりの距離に比例して減少し，テーブルの縁では100 lxであるという．全光束と平均照度を計算せよ．

6　積分法の演習問題

(27) 作業面上 2 m の高さのところに，光束発散度 12 000 rlx，直径 0.04 m の無限に長い完全拡散性円筒光源 1 個が水平に置かれている．作業面において，この光源の直下の点およびこの点から光源に直角の方向に 1.5 m 離れた点における照度を求めよ．

(28) 工場の長い建物の一つの側に連続した窓があり，それを通して見られる空が一様な光束発散度 L 〔rlx〕である．建物の中央部で窓の下縁と同じ高さにある作業台上の点Pにおける照度を求めよ．ただし，P点と窓の上縁とをふくむ平面は水平面と角 α をなすものとする．

演習問題の解答

〔問 1〕

(1) $\dfrac{1}{6}\tan^{-1}\dfrac{x^2}{3}+k$

(2) $\dfrac{1}{\sqrt{2}}\log\left(x-\dfrac{3}{2}+\sqrt{x^2-3x+\dfrac{3}{2}}\right)+k$

(3) $-\dfrac{1}{4}\sin^{-1}\left(\dfrac{\cos 2x}{3}\right)+k$

(4) $\sin^{-1}\left(\dfrac{\tan x}{2}\right)+k$

(5) $\dfrac{1}{10}\sin^5 2x-\dfrac{1}{14}\sin^7 2x+k$

(6) $-\varepsilon^{-\sin x}+k$

(7) $\tan^{-1}(\varepsilon^x)+k$

(8) $-\dfrac{1}{2}\varepsilon^{-x^2}+k$

(9) $\dfrac{1}{2}(\log x)^2+k$

(10) $\log(\log x)+k$

〔問 2〕

(1) $\dfrac{1}{2}\left\{x\sqrt{x^2+k}+k\log\left(x+\sqrt{x^2+k}\right)\right\}+c$

(2) $(2-x^2)\cos x+2x\sin x+k$

(3) $\dfrac{\cos x}{x\cos x-\sin x}+k$

(4) $x\tan\dfrac{x}{2}+k$

(5) $\dfrac{\sin x}{x\sin x+\cos x}+k$

(6) $-(x^2+2x+2)\varepsilon^{-x}+k$

(7) $\varepsilon^x\tan\dfrac{x}{2}+k$

(8) $2\tan^{-1}x-\dfrac{\log(1+x^2)}{x}+k$

(9) $\dfrac{x}{x+1}\log x-\log(x+1)+k$

(10) $\varepsilon^x\log x+k$

〔問 3〕

(1) $\dfrac{x^{10}}{10}-\dfrac{3}{4}x^8+2x^6-2x^4+k$

(2) $\dfrac{2}{\sqrt{3}}\tan^{-1}\left(\dfrac{2x+3}{\sqrt{3}}\right)+k$

(3) $\dfrac{1}{11}\log\dfrac{5-x}{6+x}+k$

(4) $\dfrac{1}{\sqrt{5}}\tan^{-1}\left(\dfrac{3x+7}{\sqrt{5}}\right)+k$

(5) $\dfrac{x^2}{2}-4x+\dfrac{1}{2}\log x+\dfrac{31}{2}\log(x+4)+k$

(6) $\dfrac{x^2}{2}+x+\dfrac{1}{5}\log\left\{(x-1)(x^2+4)^2\right\}+\dfrac{2}{5}\tan^{-1}\dfrac{x}{2}+k$

(7) $\dfrac{x}{50(4x^2+25)}+\dfrac{1}{500}\tan^{-1}\dfrac{2x}{5}+k$

(8) $\dfrac{1}{2}\left\{(x+1)\sqrt{x^2+2x+2}+\log\left(x+1+\sqrt{x^2+2x+2}\right)\right\}+k$

(9) $-\sqrt{8-2x-x^2}+k$

(10) $\dfrac{1}{2}\left\{x^2-x\sqrt{x^2-1}+\log\left(x+\sqrt{x^2-1}\right)\right\}+k$

(11) $-\sqrt{6x-x^2-5}+\sin^{-1}\left(\dfrac{x-3}{2}\right)+k$ (12) $-\sqrt{4x-x^2}+2\sin^{-1}\left(\dfrac{x-2}{2}\right)+k$

(13) $(x^3-6x)\sin x+3(x^2-2)\cos x+k$ (14) $\dfrac{1}{2}x\sin 2x+\dfrac{1}{4}\cos 2x+k$

(15) $2(\tan x+\sec x)-x+k$ (16) $\dfrac{1}{3}\tan^3 x+k$

(17) $-\cot\dfrac{x}{2}+k$ (18) $\dfrac{1}{\sqrt{2}}\log\left\{\tan\left(\dfrac{x}{2}+\dfrac{\pi}{8}\right)\right\}+k$

(19) $\dfrac{1}{8}(4x^3-6x^2+6x-3)\varepsilon^{2x}+k$ (20) $a^x\left\{\dfrac{x}{\log a}-\dfrac{1}{(\log a)^2}\right\}+k$

(21) $\dfrac{x^{n+1}}{n+1}\left(\log x-\dfrac{1}{n+1}\right)+k$ (22) $x\cot^{-1}x+\dfrac{1}{2}\log(1+x^2)+k$

(23) $\log x\{\log(\log x)-1\}+k$ (24) $-\sqrt{1-x^2}\sin^{-1}x+x+k$

[問 4]

(1) $C=\dfrac{4\pi\varepsilon_0\varepsilon_s Rr}{R-r}$, $C=\dfrac{4\pi\varepsilon_0\varepsilon_s Rr}{R-r}+4\pi\varepsilon_0 R$

(2) $r_1=\dfrac{\varepsilon_1}{\varepsilon_2}r$, $r_2=\dfrac{\varepsilon_1}{\varepsilon_3}r$, $V_1=\dfrac{V}{\varepsilon_1}\cdot\dfrac{\log(r_1/r)}{M}$, $V_2=\dfrac{V}{\varepsilon_2}\cdot\dfrac{\log(r_2/r_1)}{M}$,

$V_3=\dfrac{V}{\varepsilon_3}\cdot\dfrac{\log(R/r_2)}{M}$

ただし、$M=\dfrac{1}{\varepsilon_1}\log\dfrac{r_1}{r}+\dfrac{1}{\varepsilon_2}\log\dfrac{r_2}{r_1}+\dfrac{1}{\varepsilon_3}\log\dfrac{R}{r_2}$, $E_{1m}=E_{2m}=E_{3m}=\dfrac{V}{\varepsilon_1 r}\cdot\dfrac{1}{M}$

(3) $C=\dfrac{\pi\varepsilon_0(\varepsilon_1+\varepsilon_2)l}{\log\dfrac{R}{r}}$

(4) $F=\dfrac{\varepsilon_0\varepsilon_s SV^2}{2d^2}$, $F=\dfrac{2\pi\varepsilon_0\varepsilon_s rV^2}{(R-r)^2}$, $F=\dfrac{\pi\varepsilon_0\varepsilon_s V^2}{R\left(\log\dfrac{R}{r}\right)^2}$

(5) $R=\dfrac{\rho}{4\pi r}$ (6) $C=\dfrac{2\pi\varepsilon_0}{\log\dfrac{2h}{r}}$

演習問題の解答

(7) $L_i = 2\log\dfrac{R_1}{r} + \dfrac{2R_2^2}{R_2^2 - R_1^2}\log\dfrac{R_2}{R_1} - \dfrac{1}{2}$

(8) $C = \dfrac{2\pi\varepsilon_0 l}{\log\dfrac{l}{r}\sqrt{\dfrac{4h+l}{4h+3l}}}$

　注：(6) が水平アンテナ、本問が垂直アンテナの場合である．

(9) $w = \dfrac{c_1 c_2 (c_1 - c_2)^2}{2(c_1 + c_2)^3} V^2$

(10) $H = \dfrac{I}{4\pi a}(\sin\theta_2 - \sin\theta_1)$, $H = \dfrac{I}{2\pi a}$

(11) $H = \dfrac{I}{2r}$, $H = \dfrac{Ir^2}{2(r^2 + a^2)^{\frac{3}{2}}}$

(12) $M = \dfrac{\mu_0}{2\pi}\log\dfrac{ab}{cd}$, $ab = cd$ とすると $M = 0$ になる．

(13) $\dfrac{\pi}{2\sqrt{2}}\sqrt{1 + \left(\dfrac{E_{2m}}{E_{1m}}\right)^2}$

(14) 全波整流では $(2I_m/\pi)$ と $(I_m/\sqrt{2})$ ，半波整流では (I_m/π) と $(I_m/2)$ ．

(15) $A = \dfrac{E_m}{2}\sqrt{\dfrac{1}{R_1^2} + \dfrac{1}{(R_1 + R_2)^2}}$, $V = \dfrac{E R_2}{\pi(R_1 + R_2)}$

(16) $\alpha = \dfrac{1 \pm (I_n / n I_1)}{\sqrt{1 + (I_n / I_1)^2}} \times 100$ 〔%〕

(17) 前者は $l/3$，後者は $l/2$

(18) （イ）50 %　　（ロ）33.3 %

(19) 年損失係数は1年間の平均損失電力の最大負荷時の損失電力に対する比である．23 783 kWh．

(20) $\sqrt{3}E \times \dfrac{il\sin\theta}{2} \times 10^{-3}$ kVA　　(21) 2 844 kW

(22) $L = \dfrac{8D^2}{3S} + S$ 〔m〕

(23) $0.45 E$　　(24) 16 000 lx　　(25) $F = \pi I_h\left(\dfrac{\pi}{a} + \dfrac{8}{3}\beta\right)$

(26) 1 177.5 lm, 167 lx．　　(27) 120 lx, 38.2 lx．　　(28) $\dfrac{L}{2}(1 - \cos\alpha)$

数式

$\int_1^3 4x^2 dx$ 5

$\int_0^4 \sqrt{x}\, dx$ 5

$\int_0^{\frac{\pi}{2}} \sin x dx$ 6

$\int_1^2 \frac{1}{x} dx$ 6

$\int_0^{\frac{1}{2}} \varepsilon^x dx$ 6

$\int x^2(1+x^3)dx$ 10

$\int (ax+b)^n dx$ 11

$\int x\sqrt{x+1}\, dx$ 11

$\int \frac{\varepsilon^x - 1}{\varepsilon^x + 1} dx$ 11

$\int \frac{1}{\sin x} dx$ 11

$\int \sqrt{a^2 - x^2}\, dx$ 12

$\int x \sin x dx$ 13

$\int x \log x dx$ 13

$\int x \log x dx$ 14

$\int \sqrt{x^2 \pm a^2}\, dx$ 14

$\int \varepsilon^{\alpha x} \sin \beta x dx$ 14

$\int x^2 \cos x dx$ 15

$I_n = \int x^n \varepsilon^{kx} dx$ 16

$I_n = \int \tan^n \theta d\theta$ 16

$\int x^n \sin x dx$ 17

$\int \sin^n x dx$ 17

$\int \sin^{-1} x dx$ 20

$\int \cos^{-1} x dx$ 21

$\int \log x dx$ 21

$\int \tan^{-1} x dx$ 21

$\int \frac{x}{\sqrt[3]{ax+b}} dx$ 25

$\int \sqrt{\frac{x+a}{x+b}}\, dx$ 26

$\int \sqrt{x^2 + a^2}\, dx$ 28

$\int \sqrt{a^2 - x^2}\, dx$ 29

$\int \frac{1}{a+b\varepsilon^x} dx$ 31

$\int (\log x)^2 dx$ 31

$\int f(\tan x) dx$ 33

$\int \frac{\sin x}{1+\sin x} dx$ 33

$\int f(\sin^{-1} x) dx$ 33

$\int f(\cos^{-1} x) dx$ 34

$\int f(\tan^{-1} x) dx$ 34

$\int \frac{1}{\sqrt{x^2 + a}} dx$ 36

索 引

英字

1線のインダクタンス	49
1線の静電容量	51
2線間の静電容量	51

ア行

インダクタンス	49
エネルギー	52
円筒がい管	46

カ行

ガウスの定理	44, 50
関数の不定積分	7
逆関数	20
逆関数の積分	56
逆三角関数	32, 33
原始関数	1, 2
誤差関数	5
合成抵抗	47
合成電位傾度	47

サ行

作用容量	51
三角関数	32
指数関数	30
集合関数	55
集合関数の微分	7
商の積分	8
水抵抗器	46
静電エネルギー	53
積の積分	8
積分	1
積分の有理化	25
積分定数	2
積分変数	3
積分法	1
絶縁抵抗	45

タ行

漸化式	16, 56
楕円関数	5, 30
対数関数	31
単心鉛被ケーブル	44
置換積分法	8, 10, 55
超越関数	30, 57
超楕円関数	30
定数の積の積分	7
定積分	3, 54
抵抗での消費電力	52
電位差	45, 47
電界の強さ	50
電気力線密度	50
電流密度	47
導関数	1
導体表面の電位傾度	46

ハ行

被積分関数	1
微分と積分	54
不定積分	1, 54
部分積分法	13, 56
部分分数	23
閉磁路の法則	48

マ行

無理関数	25, 56

ヤ行

有理関数	56
有理整関数	22
有理代数関数	23

ワ行

和（差）の積分	7

d-book
不定積分の計算

2000年8月20日　第1版第1刷発行

著　者　　田中久四郎
発行者　　田中久米四郎
発行所　　株式会社電気書院
　　　　　東京都渋谷区富ケ谷二丁目2-17
　　　　　（〒151-0063）
　　　　　電話03-3481-5101（代表）
　　　　　FAX03-3481-5414
制　作　　久美株式会社
　　　　　京都市中京区新町通り錦小路上ル
　　　　　（〒604-8214）
　　　　　電話075-251-7121（代表）
　　　　　FAX075-251-7133

印刷所　　創栄印刷株式会社
©2000 Hisasiro Tanaka　　　　　　　　　Printed in Japan
ISBN4-485-42920-2　　　　　　［乱丁・落丁本はお取り替えいたします］

〈日本複写権センター非委託出版物〉

　本書の無断複写は，著作権法上での例外を除き，禁じられています．
　本書は，日本複写権センターへ複写権の委託をしておりません．
　本書を複写される場合は，すでに日本複写権センターと包括契約をされている方も，電気書院京都支社（075-221-7881）複写係へご連絡いただき，当社の許諾を得て下さい．